ISSN 0021-1915

15. JAHRGANG · SEITEN 77–112 · BERLIN APRIL 1979

IPRAX 15 15 (4) 77–112 (1979)

32036

4

isotopenpraxis

EVP 9,– M

AKADEMIE-VERLAG

An unsere Autoren

Die Zeitschrift veröffentlicht Beiträge zu folgenden Themen: Kontrolle und Analyse radioaktiver und stabiler Isotope, Anwendung radioaktiver und stabiler Isotope in allen Gebieten der Forschung und Technik, der Industrie, Landwirtschaft und Medizin, Herstellung radioaktiver und stabiler Isotope sowie von markierten Verbindungen, kernelektronische Geräte für die Isotopenanwendung (Dickenmesser, Dichtemesser u. ä.) Detektoren für isotopentechnische Arbeiten und den Strahlenschutz in Isotopenlaboratorien, Meßtechnik und Strahlenschutz, Dosimetrie in Isotopenlaboratorien, kerntechnische Geräte für die Isotopenanwendung (Betron, Bestrahlungsanlagen u. ä.), Strahlenchemie, Radiochemie, ökonomische und perspektivische Fragen, Fragen der Weiterbildung.

1. Aufnahme von Manuskripten

Zur Veröffentlichung angenommen werden nur druckreife, noch nicht anderweitig publizierte Beiträge in deutscher, englischer oder russischer Sprache zum Themenbereich der Zeitschrift und zwar

Originalarbeiten

Kurze Originalmitteilungen

Aus der Praxis

Zusammenfassende Berichte

Tagungsberichte

Informationen.

Sind der Beitrag oder Teile daraus bereits veröffentlicht oder ist eine anderweitige Veröffentlichung vorgesehen, so muß dies der Redaktion mit genauer Angabe der Zweitveröffentlichung mitgeteilt werden. Mit der Annahme des Manuskriptes behält sich der Verlag das Recht der Vervielfältigung, Verbreitung und Übersetzung innerhalb der gesetzlichen Schutzfrist vor. Auszugsweiser Nachdruck oder photomechanische u. a. Wiedergabe sind an eine schriftliche Genehmigung des Verlages gebunden. Manuskripte, Zeichnungen und Photos von veröffentlichten Arbeiten werden nur auf den besonderen und bis zum Zeitpunkt der Veröffentlichung mitgeteilten Wunsch des Autors zurückgesandt.

Bei der unverlangten Einreichung von Manuskripten wird empfohlen, eine Befürwortung eines der Herausgeber oder Redaktionsausschußmitglieder beizufügen.

Manuskripte sind einzureichen bei der Redaktion, 108 Berlin, Leipziger Str. 3–4.

2. Form der Manuskripte

Die Autoren werden gebeten:

2 Manuskripte, eines davon in Original-Maschinenschrift, einseitig und mit 2zeiligem Abstand einzureichen; gut leserliche Photokopien sind zulässig; auf dem 1. Blatt (unter Weglassung der Bezeichnung)

den Titel der Arbeit

Vorname-Initialen und Namen sämtlicher Autoren

gegebenenfalls die Institution, in der sie tätig sind

eine kurze Zusammenfassung der Arbeit von höchstens 15 Zeilen

Keywords in alphabetischer Reihenfolge und

als Fußnote die Anschrift der Institution anzugeben;

wenn möglich auf gesonderten Blättern Namen, Titel der Arbeit und Zusammenfassung in den beiden anderen obengenannten Sprachen 2fach beizufügen;

Literaturhinweise (fortlaufend numeriert), Fußnoten, Tabellen, Abbildungen (in etwa 2facher Veröffentlichungsgröße), Abbildungsunterschriften (getrennt von den Abbildungen, mit Zeichenerklärungen, Quellenangaben, falls erforderlich, und gegebenenfalls mit einem Vermerk für besondere Wünsche bezüglich der Abbildungsgröße), private und Dienstanschrift der Verfasser mit akademischen Titeln und ausgeschriebenen Vornamen auf besonderen Blättern ans Ende des Manuskriptes zu stellen;

Wünsche für den Kolumnentitel (Seitenüberschrift) bekanntzugeben;

Absätze durch Einzüge von mindestens 3 Anschlägen kenntlich zu machen;

die Maßeinheiten des SI-Systems ("Systéme International") zu verwenden;

Korrekturen im Manuskript unmittelbar an der zu korrigierenden Stelle anzubringen;

Formeln deutlich lesbar und möglichst groß einzutragen;

Farbabbildungen und nachträgliche Änderungen oder Ergänzungen in Abbildungen zu vermeiden;

hervorzuhebende Textstellen zu unterstreichen, und zwar halbfetten Satz mit einer geraden schwarzen Linie, kursiven Satz (Schrägschrift) mit einer blauen Wellenlinie (alle Eigennamen), Sperrungen gestrichelt;

besondere Buchstaben durch farbige Unterstreichung zu kennzeichnen, und zwar Formelzeichen in

Griechisch-Kursiv (α, β, ...) rot,

Kursiv (A, B, ...) blau

halbfetter Kursiv ($\boldsymbol{A}$, $\boldsymbol{B}$, ...) 2 Linien blau (Vektoren),

halbfetter Grotesk (**A**, **B**, ...) 2 Linien violett (Tensoren);

bei Literaturangaben auf Vollständigkeit zu achten. In nachstehender Reihenfolge müssen angegeben sein:

a) bei *Zeitschriften*: Vorname-Initialen und Namen sämtlicher Autoren, Titel der Zeitschrift (nach „Periodica Chimica" oder möglichst wenig gekürzt), Bandnummer (unterstrichen), Jahreszahl (im Klammern), Heftnummer (nur bei Zeitschriften, die jedes Heft mit S. 1 beginnen) sowie die Seitenzahl, auf der die zitierte Arbeit beginnt.

b) bei *Büchern*: Initialen der Vornamen und Name des Autors (Herausgeber werden durch den Zusatz „ed." gekennzeichnet), voll ausgeschriebener Titel des Buches in der Originalsprache, evtl. Bandnummer, voll ausgeschriebener Name des Verlages, Nummer der Auflage (außer der ersten), Erscheinungsort(e), Erscheinungsjahr (hier nicht in Klammern setzen!) und evtl. Kapitelnummer, Seitenzahl u. ä.

c) bei *Sammelbänden, Tagungsberichten*: Es soll zusätzlich der Titel des zitierten Beitrags angegeben werden. Die Seitenzahl muß unbedingt angegeben werden. Aus dem Zitat muß hervorgehen, ob es sich um einen Tagungssammelband oder um einen noch nicht veröffentlichten Vortrag handelt. Zwischen Tagungsort und Erscheinungsort des entsprechenden Tagungsberichts ist zu unterscheiden.

3. Korrekturen

Der Autor erhält zwei Umbruchabzüge, von denen einer möglichst schnell korrigiert an die Redaktion zurückgereicht werden soll. Auf Wunsch des Autors kann die Korrektur auch von der Redaktion gelesen werden.

Durch nachträgliche Manuskriptänderungen verursachte Korrekturkosten gehen, sofern sie 10% der Satzkosten übersteigen zu Lasten des Autors.,

Der Autor erhält 50 Sonderdrucke kostenlos. Weitere Sonderdrucke können bis zur Rückgabe der Korrekturabzüge auf Kosten des Autors bei der Redaktion bestellt werden.

Bezugsmöglichkeiten

Bestellungen sind zu richten

- **in der DDR** an das Zeitungsvertriebsamt; an eine Buchhandlung oder an den AKADEMIE-VERLAG, DDR-108 Berlin, Leipziger Str. 3/4
- **im sozialistischen Ausland** an eine Buchhandlung für fremdsprachige Literatur oder an den zuständigen Postzeitungsvertrieb
- **in der BRD und Westberlin** an eine Buchhandlung oder an die Auslieferungsstelle KUNST UND WISSEN, Erich Bieber, 7 Stuttgart 1, Wilhelmstr. 4–6
- **in Österreich** an den Globus-Buchvertrieb, 1201 Wien, Höchstädtplatz 3
- **in den übrigen westeuropäischen Ländern** an eine Buchhandlung oder an die Auslieferungsstelle KUNST UND WISSEN, Erich Bieber GmbH, Ch-8008 Zürich/Schweiz, Dufourstraße 51
- **im übrigen Ausland** an den Internationalen Buch- und Zeitschriftenhandel; den Buchexport, Volkseigener Außenhandelsbetrieb der Deutschen Demokratischen Republik, DDR-701 Leipzig, Postfach 160, oder an den AKADEMIE-VERLAG, DDR-108 Berlin, Leipziger Str. 3/4.

Zeitschrift „Isotopenpraxis"

Herausgeber: Im Auftrag des Akademie-Verlages herausgegeben von Prof. Dr. Justus Mühlenpfordt und Prof. Dr. Carl Friedrich Weiss

Verlag: Akademie-Verlag, DDR-108 Berlin, Leipziger Straße 3–4; Fernruf 2 23 62 21 oder 2 23 62 29; Telex-Nr. 114 420;

Bank: Staatsbank der DDR, Berlin, Kto.-Nr.: 6836-26-20712

Chefredakteur: Dr. Klaus Uhlig, Berlin

Anschrift der Redaktion (Fernruf: 6 3 51 1 77) der Zeitschrift Isotopenpraxis: Akademie-Verlag, DDR-108 Berlin, Leipziger Str. 3–4

Veröffentlicht unter der Lizenznummer 1527 des Presseamtes beim Vorsitzenden des Ministerrates der Deutschen Demokratischen Republik

Gesamtherstellung: VEB Druckerei „Thomas Müntzer", DDR-582 Bad Langensalza

Erscheinungsweise: Die Zeitschrift „Isotopenpraxis" erscheint monatlich. Die 12 Hefte eines Jahrganges bilden einen Band. Bezugspreis je Band 144,– M zuzüglich Versandspesen (Preis für die DDR 108,–M), Preis je Heft 12,– (Preis für die DDR 9,– M)

Bestellnummer dieses Heftes: 1079/15/4

AN (EDV) 12831

ISOTOPENPRAXIS ISSN 0021-1915

Band 15 (1979) Heft 4, S. 77—112

Redaktion und Verlag: Akademie-Verlag, Redaktion Isotopenpraxis, 108 Berlin, Leipziger Straße 3—4

Inhaltsverzeichnis

Originalarbeiten

(Fortsetzung des Inhaltsverzeichnisses auf der Rückseite des 2. gelben Blattes)

ISOTOPENPRAXIS

Band 15 (1979) Heft 4, S. 77–112

Redaktion und Verlag: Akademie-Verlag, Redaktion Isotopenpraxis, 108 Berlin, Leipziger Straße 3–4

Contents

Articles

E. Winkler, K. Wetzel

On the Application of the Compartment Theory to the Modelling of the Isotopic Composition of Nitrogen in its Natural Cycle

Isotopenpraxis 15 (1979) No. 4, p. 77 to 82
8 Fig., 2 Tab., 12 Ref.

The compartment theory is presented as a means for mathematical modelling of isotope geochemical processes, taking into consideration isotopic effects. It is used to formulate a global model of the isotopic composition of nitrogen in its natural cycle, which consits of three pools connected by fluxes: nitrogen in magmatites, in the atmosphere, and in sedimentary rocks. Apart from the simulation of the development of pool sizes, of $\delta^{15}N$ values and of fluxes as functions of time through the history of the earth, contributions could be made to the solution of geochemical problems. The results of modelling indicate that the original atmosphere contained much less nitrogen than the present one (up to 10% of the present value), and that a nitrogen flux exists from the upper crust to the magmatites (about $6 \cdot 10^5$ tons/yr).

K. Froehlich, R. Gellermann, D. Hebert

Increased Tritium Concentration in Rainfall of the Southern Part of the GDR

Isotopenpraxis 15 (1979) No. 4, p. 83 to 85
1 Fig., 3 Tab., 5 Lit.

Monthly and annual average values of tritium concentration in rainfall of the years 1975 and 1976 observed at five stations in the southern part of the GDR are reported. In February and September 1975, unusually high monthly average tritium concentrations with peak values above 1.000 T.U. were determined. The temporal coordination of these tritium concentrations with single rainfall events as well as possible reasons for the high tritium concentrations are discussed.

M. Alm, K.-H. Johannsen, R. Dreyer

Investigation of the Behaviour of Inorganic Forms of Radioiodine in the Coolants Circuits of Pressurized Water Reactors

Isotopenpraxis 15 (1979) No. 4, p. 85 to 89
5 Fig., – Tab., 30 Ref.

The effect of pressure, temperature and water regime on the behaviour of inorganic forms of radioiodine was investigated on a laboratory scale, simulating the coolant characteristics of a pressurized water reactor. Primary circuit water of the WWER-440 reactor as well as water of adequate composition was used. The experimental data on radioiodine behaviour were discussed on the basis of comparable values known from literature.

F. Wolf, S. Lindau, M. Tonn

On the Radiochemical Decomposition of p-Chlorophenol Dissolved in Water or Adsorbed on Activated Charcoal

Isotopenpraxis 15 (1979) No. 4, p. 90 to 93
2 Fig., 6 Tab., 7 Ref.

The radiochemical decomposition of p-chlorophenol dissolved in water or adsorbed on activated charcoal was investigated. Gamma irradiation of aqueous solutions of p-chlorophenol (initial concentration: 500 ppm) causes dechlorination and the formation of a brown substance, which is probably humic acid or a derivative of it.
However, in the considered range of loading (between 19 and 45 mg of p-chlorophenol/g dry charcoal) p-chlorophenol adsorbed on activated charcoal is decomposed by gamma radiation-induced oxidation to chlo-

Содержание

Статьи

Е. Винклер, К. Ветцель

О применении теории компартмента на моделированис изотопного состава азота в его естественном цикле

Isotopenpraxis 15 (1979) вып. 4, стр. 77 до 82
8 рис., 2т абл., 12 лит.

В данной работе, теория компартмента как средство математического моделирования изотопно-геохимических процессов представляется с учетом изотопических эффектов. С ее помощью разрабатывается глобальная модель изотопного состава азота в его естественном цикле. Она состоит из трех соединенных между собою потоками нахождений: азота в магматитах, в атмосфере и в осадочных горных породах. Помимо симуляции развития во времени объема нахождений, величины $\delta^{15}N$ и потоков в связи с историей земли, оказалось возможным внести вклад в выявление геохимических проблем. Результаты моделирования указывают на то, что первичная атмосфера содержала намного меньше азота чем нынешняя атмосфера (макс. 10% нынешнего значения), и что существует поток азота с верхней манты в магматиты (ок. $6 \cdot 10^5$ *тн/год*).

К. Фрелих, Р. Геллерманн, Д. Хеберт

Повышенная концентрация трития в осадках южной части ГДР

Isotopenpraxis 15 (1979) вып. 4, стр. 83 до 85
1 рис., 3 табл., 5 лит.

Представляются среднемесячные и среднегодовые значения концентрации трития в осадках 1975/76 гг. по пяти станциям, расположенным в южной части ГДР. В феврале и сентябре 1975 г. появились необыкновенно высокие среднемесячные концентрации трития с пиками свыше 1000 т.е. Обсуждаются вопросы совпадения по времени данных концентраций трития и отдельных осадков, а также возможные причины данных высоких концентраций трития.

М. Альм, К.-Х. Иохансен, Р. Дрейер

Исследование поведения неорганических форм радиойода в контурах водо-водяных реакторов

Isotopenpraxis 15 (1979) вып. 4, стр. 85 до 89
5 рис., – табл., 30 лит.

Рассматривается влияние давления, температуры и водного режима на поведение неорганических форм радиойода в лабораторном масштабе с симулированным режимом теплоносителя водо-водяного реактора. При этом была использована вода первого контура водо-водяного реактора типа ВВЭР-440, а также вода с составом, близким к составу используемой в практике воды. На известных из литературы сравнительных данных обсуждаются полученные экспериментальные данные по поведению радиойода.

Ф. Вольф, С. Линдау, М. Тонн

О радиохимическом разложении растворенного в воде и адсорбированного активным углем р-хлорфенола

Isotopenpraxis 15 (1979) вып. 4, стр. 90 до 93
2 рис., 6 табл., 7 лит.

В данной работе рассматривалось радиохимическое разложение растворенного в воде и адсорбированного активным углем р-хлорфенола.
Облучение гамма-излучением водного раствора р-хлорфенола (C_0 = = 500 *ppm*) вызывает дехлорирование. Параллельно происходить образование коричневого вещества, которое наверно представляет собой гуминовую кислоту или производное гуминовой кислоты.
В то же время адсорбированный активным углем р-хлорфенол в рассматриваемом диапазоне исследования (от 19 до 45 мг р-хлорфенола/г безводного угля) в условиях наведенного радиохимически окисления разлагается в продукты минерализации, т.е. в хлориды, воду и

Über die Anwendung der Compartmenttheorie auf die Modellierung der Isotopenzusammensetzung des Stickstoffs in seinem natürlichen Kreislauf

E. Winkler, K. Wetzel

(Akademie der Wissenschaften der DDR, Zentralinstitut für Isotopen- und Strahlenforschung, Leipzig)[1]

In der Arbeit wird die Compartmenttheorie als Mittel zur mathematischen Modellierung isotopengeochemischer Prozesse bei Berücksichtigung von Isotopieeffekten dargelegt. Mit ihrer Hilfe wird ein globales Modell der Isotopenzusammensetzung des Stickstoffs in seinem natürlichen Kreislauf erarbeitet, das aus 3 durch Flüsse miteinander verknüpften Pools besteht: Stickstoff in den Magmatiten, der Atmosphäre und den Sedimentgesteinen. Neben der Simulation der zeitlichen Entwicklung der Poolgrößen, der $\delta^{15}N$-Werte und der Flüsse im Verlauf der Erdgeschichte konnten Beiträge zur Klärung geochemischer Probleme geliefert werden. Die Resultate der Modellierung weisen darauf hin, daß die Uratmosphäre sehr viel weniger Stickstoff als die gegenwärtige Atmosphäre enthalten hat (maximal 10% des heutigen Wertes) und daß ein Stickstoffstrom aus dem Oberen Mantel in die Magmatite existiert (etwa $6 \cdot 10^5$t/a).

(B30) INIS DESCRIPTORS:

analytical solution; earth atmosphere; geochemistry; global aspects; igneous rocks; isotope effects; isotope ratio; mathematical models; nitrogen; nitrogen 15; nitrogen cycle; sedimentary rocks

1. Einleitung

Obwohl es eine große Anzahl von Untersuchungen zum Stickstoffkreislauf in der Natur gibt, die insbesondere auf seine Beziehungen zur Biosphäre gerichtet sind, ist die Kenntnis der Isotopenzusammensetzung des Stickstoffs in den verschiedenen Teilen dieses Kreislaufs recht lückenhaft. Es ist deshalb notwendig, zunächst ein einfaches Modell der Geochemie der Stickstoffisotope zu schaffen, das es erlaubt, wenigstens globale Fragen zu klären. Ein Resultat einer solchen Modellierung kann der Versuch sein, vorauszusagen, welche Gesteine und Mineralien, welche geologischen Schichten und welche Stickstoffverbindungen analysiert werden sollten, um weitere Resultate über globale Prozesse zu erhalten. Darüber hinaus soll ein solches Modell auf der Basis der bereits vorhandenen Kenntnisse Abschätzungen über wichtige Fragen des Stickstoffkreislaufs, den Stickstofffluß aus dem Oberen Mantel in die Erdkruste und den Stickstoffgehalt der Uratmosphäre, erlauben.

Die theoretischen Grundlagen einer solchen Modellierung, insbesondere die Wahl eines geeigneten mathematischen Formalismus, die Berechnung gesuchter Größen sowie die Interpretation der Resultate, sollen den Schwerpunkt dieser Arbeit bilden.

2. Theoretische Grundlagen

Das Modell des Stickstoffkreislaufs soll aus mehreren Stickstoffreservoiren mit zeitlich veränderlicher Größe bestehen, die durch (gegebenenfalls gegenläufige) Flüsse miteinander verbunden sind. Dadurch wird die Verwendung der Compartmenttheorie als theoretischer Formalismus nahegelegt, die sich bereits bei der Modellierung chemischer [1], biologischer [2], ökologischer [3] und geochemischer [4] Prozesse bewährt hat, insbesondere bei der Verwendung von radioaktiven oder stabilen Isotopen als Mittel zur Systemidentifikation.

Die Systemeinheit „Compartment" (oder, im engeren Sinne, lineares Compartment) ist durch zwei Eigenschaften charakterisiert: Homogenität (es wird vorausgesetzt, daß die Substanzeinheiten, die zu einem Compartment gehören, in ihrem Verhalten nicht unterscheidbar sind) und Linearität (Gültigkeit des Superpositionsprinzips). Diese Eigenschaften werden durch Abb. 1 illustriert. Durch sie wird die spezielle Form des Flusses aus dem Compartment ($R_{ii} = k_{ii}Q_i$) festgelegt; im Gegensatz

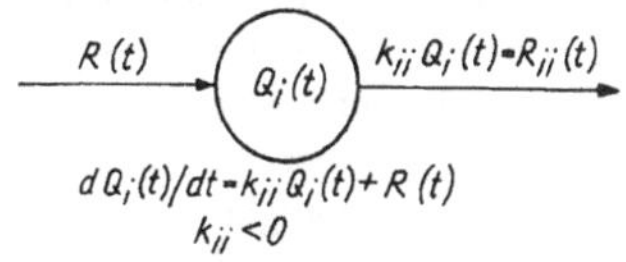

Abb. 1. Definition des Compartments

Q_i Substanzmenge im Compartment i, M; R Substanzfluß, M/T; k_{ii} Geschwindigkeitskonstante für die Substanzelimination aus Compartment i, T^{-1}

dazu ist zunächst nichts über die Zeitabhängigkeit des Zuflusses $R(t)$ ausgesagt, solange er nicht aus einem anderen Compartment j stammt. So resultiert für die zeitliche Änderung der Substanzmengen in einem Compartmentsystem das Differentialgleichungssystem

$$\begin{aligned} dQ_i/dt &= \sum_{j=1}^{n} k_{ij}Q_j + R_{i0}(t) \qquad i = 1, 2, \ldots, n \\ Q_i(t_0) &= Q_i(0) \geqq 0 \\ R_{i0} &\geqq 0 \end{aligned} \tag{1}$$

Gemäß Abb. 1 wird durch $R_{ii} = k_{ii}Q_i$ der gesamte Fluß aus dem Compartment i heraus erfaßt; es ist

$$k_{ii}Q_i = -k_{0i}Q_i - \sum_{\substack{j=1 \\ j \neq i}}^{n} k_{ji}Q_i \tag{2}$$

wobei

$$R_{0i} = k_{0i}Q_i \tag{3}$$

den Fluß aus dem Compartment i in die Umgebung des Systems (gekennzeichnet durch den Index o) darstellt. Für die Geschwindigkeitskonstanten gilt

$$\begin{aligned} k_{ij} &\geqq 0 \qquad (j \neq i) \\ k_{0i} &\geqq 0 \end{aligned} \tag{4}$$

Charakteristisch für ein Compartmentmodell ist, daß die zeitliche Änderung einer Compartmentgröße (der „Nettofluß")

---

[1]) Anschrift: 705 Leipzig, Permoserstr. 15

durch die Summe der Zu- und Abflüsse des Compartments (durch die Summe der einzelnen „Bruttoflüsse") dargestellt wird und daß bei der Compartmentierung berücksichtigt werden kann, daß das untersuchte Element sowohl auf verschiedene chemische Verbindungen als auch auf verschiedene räumliche Bereiche verteilt ist. Insbesondere für die Modellierung noch wenig untersuchter Systeme ist ferner günstig, daß die Verknüpfung von Compartmentgrößen und Flüssen fest gegeben ist, so daß lediglich Entscheidungen über die Anfangswerte $Q_i(0)$ und die Zuflüsse R_{i0} aus der „Umgebung" des Systems getroffen werden müssen, soweit diese Größen nicht schon durch die experimentellen Bedingungen festliegen. Weiterhin sind die Gleichungen analytisch lösbar, oder es können zumindest weitreichende Aussagen über die Eigenschaften der Lösungen gemacht werden [5].

Diese Eigenschaften sprechen auch für die Anwendung der Compartmenttheorie in der globalen Modellierung geochemischer Prozesse. Dennoch soll ihre Anwendung für die vorliegenden Untersuchungen etwas näher begründet werden. Insofern chemische Reaktionen untersucht werden, können die Aussagen der Compartmenttheorie mit denen der chemischen Reaktionskinetik verglichen werden. *Norwich* und *Hetenyi* [6] haben gezeigt, daß lineare Differentialgleichungen mit konstanten Koeffizienten gültig sind, solange sich das System im stationären Zustand befindet, auch wenn die Reaktionen nicht 1. Ordnung in bezug auf ihren molekularen Mechanismus sind. Stationarität bedeutet, daß die Massen oder Konzentrationen aller Substanzen, die an den Reaktionen teilnehmen, konstant sind. (Solche Systeme sind in Zusammenhang mit Traceruntersuchungen zu diskutieren.) Im nichtstationären Zustand müssen die Reaktionen tatsächlich (wenigstens näherungsweise) erster Ordnung sein, soll die Compartmenttheorie angewendet werden. Anderenfalls ist die Einführung von Geschwindigkeitskonstanten, die von Compartmentgrößen oder explizit von der Zeit abhängen, von Fall zu Fall zu diskutieren. Eine Möglichkeit ist die Annahme von Reaktionen nullter Ordnung (in Abb. 1 gleichbedeutend mit der Ersetzung von k_{ii} durch λ_{ii}/Q_i), was zu konstanten Flüssen (R_{ii} = const.) auch im nichtstationären Fall führt.

Das System, dessen Verhalten in dieser Arbeit durch ein Modell untersucht wird, ist insgesamt nichtstationär. Konstanz der Flüsse zwischen den Stickstoffreservoiren ist aber nicht wahrscheinlich, da (s. Abschn. 4) die Anfangswerte (bis auf einen) gleich Null oder nur wenig größer als Null sind. Von der Annahme der Linearität des Systems abzugehen, besteht kein zwingender Grund. Allerdings werden damit auch periodische Schwankungen der Geschwindigkeitskonstanten, insbesondere aber Änderungen durch einmalige Ereignisse in der Erdgeschichte, ausgeschlossen.

Um in einem Modell des globalen Stickstoffkreislaufs Aussagen über die zeitliche Änderung des Isotopenverhältnisses $^{15}N/^{14}N$ zu erhalten, muß die hier skizzierte Compartmenttheorie in einem wichtigen Punkt modifiziert werden. Es ist nötig, Isotopieeffekte bei den im Modell enthaltenen Reaktionen (Flüssen) zu berücksichtigen. Dies führt dazu, daß für den Gesamtstickstoff $^{14}N + ^{15}N$ die Compartmentdefinition mit ihrem Homogenitätspostulat nicht mehr streng gültig ist. Vielmehr muß jeder Pool als aus zwei Compartments bestehend aufgefaßt werden, je eins für jedes Nuklid. Diese beiden Compartments unterscheiden sich in ihrer Eliminationsgeschwindigkeitskonstante (Abb. 2). — Es kann ein Quotient $a = q/Q$ ($= ^{15}N/^{14}N$) eingeführt werden, der mit den $\delta^{15}N$-Werten verknüpft ist durch

$$a = 3{,}6765 \cdot 10^{-6} (\delta + 10^3) \tag{5}$$

Eine solche Systemeinheit („Pool"), die sich aus den Compartments Q_i und q_i zusammensetzt, kann abgekürzt dargestellt werden durch Abb. 3.

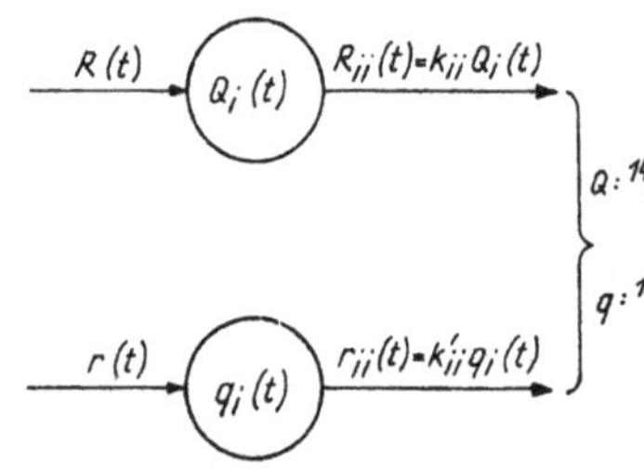

Abb. 2. Erweiterung der Compartmentdefinition bei Berücksichtigung von Isotopieeffekten

Q_i, q_i ^{14}N- bzw. ^{15}N-Menge; R, r Substanzflüsse; k_{ii}, k'_{ii} Eliminationsgeschwindigkeitskonstanten

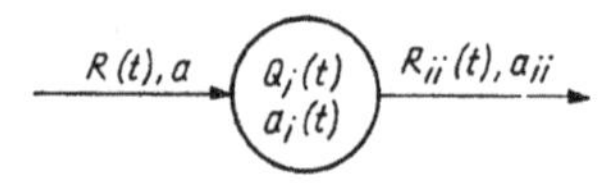

Abb. 3. Pool, bestehend aus 2 Nukliden, bei Berücksichtigung von Isotopieeffekten

$a_{ii} = r_{ii}/R_{ii}$ Isotopenzusammensetzung des Eliminationsflusses; $a_i = q_i/Q$ Isotopenzusammensetzung des Pools

Das Verhalten eines Systems miteinander verknüpfter Pools wird somit durch zwei Gleichungssysteme beschrieben:

$$\mathrm{d}Q_i/\mathrm{d}t = \sum_{j=1}^{n} k_{ij}Q_j + R_{i0} \tag{6}$$

und

$$\mathrm{d}q_i/\mathrm{d}t = \sum_{j=1}^{n} k'_{ij}q_j + r_{i0} \tag{7}$$

Mit der Einführung des Isotopieeffektes

$$I_{ij} = \frac{k_{ij}}{k'_{ij}} \tag{8}$$

folgt

$$\frac{r_{ij}}{R_{ij}} = \frac{k'_{ij}q_j}{k_{ij}Q_j} = \frac{a_j}{I_{ij}} = \alpha_{ij} \tag{9}$$

Da $I_{ij} \neq 1$ ist (anderenfalls erhält man die Gleichungen für ein normales Tracerexperiment ohne Berücksichtigung von Isotopieeffekten), folgt

$$a_j \neq a_{ij} \tag{10}$$

Gerade die Ungleichheit der Isotopenzusammensetzung des Pools j und der der austretenden Flüsse a_{ij} ist eine Folge der vorhandenen Isotopieeffekte.

3. Auswertung von Meßergebnissen

Zur Verfügung stehende Meßwerte sind die $\delta^{15}N$-Werte (die durch (5) mit dem Quotienten $a = q/Q$ verknüpft sind) sowie Gesamtstickstoffmengen $^{14}N + ^{15}N (Q^* = q + Q)$. Das Gleichungssystem, das aus (6) und (7) für Q^* entsteht, ist relativ kompliziert und unhandlich, insbesondere für Untersuchungen der analytischen Lösungen. Es ist deshalb, da $q \ll Q$ gilt, zweckmäßig, die Meßwerte Q^* näherungsweise als Daten für $Q(^{14}N)$ zu verwenden, parallel dazu (Gl. 5) zur Ermittlung von a aus $\delta^{15}N$-Werten. Dieser Weg wurde hier gewählt, nicht zuletzt in Anpassung an bereits existierende Rechenprogramme. Rechnungen in Einzelfällen mit exakter Entsprechung von Theorie und Meßwerten zeigten, daß Fehler aus dieser Näherung vernachlässigbar sind. — Eine andere Mölgichkeit der Näherung besteht darin, in Gleichungssystem (6) selbst Q durch Q^* zu ersetzen [7]:

$$dQ_i^*/dt = \sum_{j=1}^{n} k_{ij}Q_j^* + R_{i0}^* \qquad (11)$$

Der nun einzuführende Quotient $a^* = q/Q^*$ ist mit den δ-Werten verknüpft durch

$$a^* = \frac{3{,}6765 \cdot 10^{-6}(\delta + 10^3)}{1 + 3{,}6765 \cdot 10^{6}(\delta + 10^3)} \qquad (12)$$

Die Modellparameter, die Geschwindigkeitskonstanten k_{ij} und k'_{ij}, wurden mit einem Programm zur nichtlinearen Ausgleichsrechnung ermittelt [8]. Die dabei notwendige Lösung der Gleichungssysteme (6) und (7) (mit nachfolgender Berechnung von a) erfolgte numerisch mit dem *Runge-Kutta*-Verfahren. Im Gegensatz zur ursprünglichen Bestimmung des Programms handelte es sich im vorliegenden Fall jedoch nicht um eine Ausgleichsrechnung, sondern um eine unmittelbare Lösung eines nichtlinearen Gleichungssystems, da die Zahl der Meßwerte die Anzahl der zu bestimmenden Parameter nicht übersteigt.

4. Das Modell

Abb. 4 zeigt das den Untersuchungen zugrunde liegende Modell. Eine ausführliche Begründung zur Auswahl der zur Untersuchung des globalen Stickstoffkreislaufs relevanten Stickstoffpools und -flüsse wird an anderer Stelle gegeben [9]. Pool 1 enthält den Stickstoff der Magmatite, Pool 2 den der Atmosphäre, Pool 3 den der Sedimente unter Einschluß des in der Biosphäre gebundenen Stickstoffs. Quelle für den Fluß R_{10} ist der Stickstoff des Oberen Mantels; dieses Reservoir wird als sehr groß gegen die drei im Modell enthaltenen Pools angesehen.

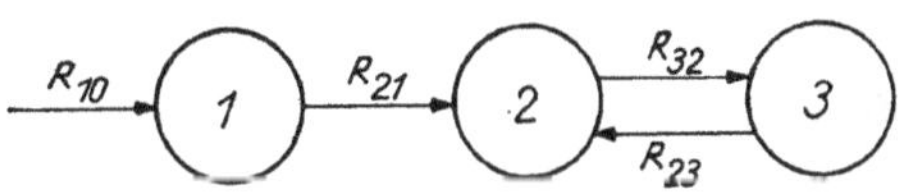

Abb. 4. Modell des natürlichen Kreislaufs des Stickstoffs und seiner Isotope

Pool 1 Stickstoff der Magmatite; Pool 2 atmosphärischer Stickstoff; Pool 3 Stickstoff der Sedimentgesteine

Für die Gegenwart ($4 \cdot 10^9$ Jahre nach Erstarrung der Erdkruste, dem angenommenen Zeitnullpunkt) liegen Angaben für die Poolgrößen (annähernd gleich der ^{14}N-Menge) sowie für δ^{15}N vor. Aus letzteren leiten sich Werte für das ^{14}N/^{15}N-Verhältnis her nach Gl. (5):

$Q_1 = 6{,}50 \cdot 10^{14}$ t $\quad \delta_1 = 4{,}2 \quad a_1 = 3{,}692 \cdot 10^{-3}$

$Q_2 = 3{,}86 \cdot 10^{15}$ t $\quad \delta_2 = 0$ (nach Definition) $\quad a_2 = 3{,}6765 \cdot 10^{-3}$

$Q_3 = 7{,}50 \cdot 10^{14}$ t $\quad \delta_3 = 5{,}2 \quad a_3 = 3{,}6956 \cdot 10^{-3}$

Für den Anfangswert $Q_1(0)$ liegt eine Abschätzung vor [9]:

$$Q_1(0) = 2{,}58 \cdot 10^{15}\ \text{t}$$

für $Q_3(0)$ gilt

$$Q_3(0) = 0$$

während es nicht feststeht, ob die Uratmosphäre gänzlich frei von Stickstoff gewesen ist. Für $Q_2(0)$ wird deshalb angesetzt

$$Q_2(0) = b \cdot Q_2 \qquad (13)$$

Eine Aussage über die Größe von b ist ein Ziel vorliegender Untersuchungen.

Über den Anfangswert $\delta_1(0)$ liegt keine direkte Information vor. Für den Fall, daß $b > 0$ ist, soll die Relation gelten [9]

$$\delta_2(0) = \delta_1(0) - 1{,}3 \qquad (a_2(0) = a_1(0) - 4{,}78 \cdot 10^{-6}) \qquad (14)$$

Einige Angaben können zu den die Pools verbindenden Flüssen gemacht werden. Der gegenwärtige Fluß von der Atmosphäre in die Sedimente wird zu

$$R_{32} = 5 \cdot 10^6\ \text{t/a}$$

abgeschätzt, dies bedeutet

$$k_{32} = 1{,}295 \cdot 10^{-9}\ \text{a}^{-1}$$

Aus Untersuchungen über die Lavamenge, die gegenwärtig pro Jahr ausgestoßen wird, sowie den darin enthaltenen Stickstoff kann für R_{21} abgeschätzt werden [10, 11]

$$3 \cdot 10^4\ \text{t/a} < R_{21} < 3 \cdot 10^5\ \text{t/a}$$
$$(0{,}046 \cdot 10^{-9}\ \text{a}^{-1} < k_{21} < 0{,}46 \cdot 10^{-9}\ \text{a}^{-1})$$

Da nicht nur Vulkanismus, sondern auch Auswaschung mit nachfolgender Denitrifizierung zum Fluß R_{21} beiträgt, kann für R_{21} ein Wert angenommen werden, der bei der oberen Grenze der Abschätzung liegt.

Was die Isotopieeffekte in Zusammenhang mit den die Pools verbindenden Flüsse betrifft, so ist es vertretbar, Isotopieeffekte bei der Bildung des Flusses R_{32} zu vernachlässigen:

$$I_{32} = 1$$
$$(k_{32} = k_{32}')$$

Demzufolge ist (bei Annahme gegenwärtig annähernd stationärer Isotopenzusammensetzung des Sedimentstickstoffs)

$$I_{23} = 1{,}0052$$

(dem Wert $\delta_3 = 5{,}2$ entsprechend).

Die Prozesse, die den Fluß R_{21} infolge von Vulkanismus bedingen, sind mit einem Isotopieeffekt

$$I_{21} \approx 1{,}003$$

verbunden. Insgesamt kann der Wert etwas niedriger sein als 1,003, weil ein Teil des Flusses durch Auswaschung entsteht, ein Prozeß, der wahrscheinlich nicht mit einem Isiotopieeffekt verbunden ist [12]. Die Annahme über I_{21} kann im folgenden Abschnitt durch eine weitere Überlegung gestützt werden.

Die Existenz eines Flusses R_{10} aus dem Oberen Mantel ist umstritten; zur Klärung dieser Frage soll vorliegende Arbeit beitragen. Wegen des vergleichsweise großen Reservoirs „Oberer Mantel" werden R_{10} und damit r_{10} als konstant angenommen. Aus der Tatsache, daß ein Isotopieeffekt bei Bildung der Erdkruste vernachlässigbar ist wegen der dabei herrschenden Temperaturen, folgt

$$\frac{r_{10}}{R_{10}} = a_0 = a_1(0) \qquad (15)$$

Die Modellgleichungen für das Modell Abb. 4 können aus den allgemeinen Gleichungen (6) und (7) abgeleitet werden:

$$\begin{aligned} dQ_1/dt &= -k_{21}Q_1 + R_{10} \\ dQ_2/dt &= k_{21}Q_1 - k_{32}Q_2 + k_{23}Q_3 \\ dQ_3/dt &= k_{32}Q_2 - k_{23}Q_3 \\ Q_1(0 &> 0 \\ Q_2(0 &\geqq 0 \\ Q_3(0 &= 0 \end{aligned} \qquad (16)$$

$$\begin{aligned} dq_1/dt &= -k'_{21}q_1 + r_{10} \\ dq_2/dt &= k'_{21}q_1 - k'_{32}q_2 + k'_{23}q_3 \\ dq_3/dt &= k'_{32}q_2 - k'_{23}q_3 \\ q_1(0) &> 0 \\ q_2(0) &\geqq 0 \\ q_3(0) &= 0 \end{aligned} \qquad (17)$$

Gleichung (15) bildet eine zusätzliche Bedingung.

Die analytischen Lösungen von (16) und (17) können angegeben werden; die Gesamtheit der offenen Größen (Geschwindigkeitskonstanten, Anfangswerte) kann aber aus ihnen nur unter Verwendung eines Computers bestimmt werden, da die entstehenden Gleichungen nichtlinear sind. Entscheidende Fragen, nämlich nach der Existenz und Größe von R_{10} sowie nach dem Anfangswert $Q_2(0)$, können jedoch schon mit Hilfe der jeweils ersten Gleichung in (16) und (17) beantwortet werden.

5. Resultate der Untersuchung der Modellgleichungen

Zunächst seien die analytischen Lösungen der jeweils ersten Gleichung aus (16) bzw. (17, betrachtet:

$$Q_1 = \frac{R_{10}}{k_{21}} (1 - e^{-k_{21}t}) + Q_1(0)\, e^{-k_{21}t} \tag{18}$$

$$q_1 = \frac{r_{10}}{k'_{21}} (1 - e^{-k'_{21}t}) + q_1(0)\, e^{-k'_{21}t}$$

bzw. (19)

$$a_1 Q_1 = \frac{r_{10} I_{21}}{k_{21}} \left(1 - e^{\frac{-k_{21}}{I_{21}} t}\right) + a_1(0)\, Q_1(0)\, e^{\frac{-k_{21}}{I_{21}} t}$$

(dazu Gl. (15) als Nebenbedingung).

Nimmt man die im vorigen Abschnitt gegebenen Abschätzungen für R_{21} (bzw. k_{21}) und I_{21} nur als Richtwerte, anhand derer die gewonnenen Resultate überprüft werden, so enthalten (18) und (19) 4 Unbekannte: k_{21}, I_{21}, $a_1(0)$, R_{10}. Zwei weitere Gleichungen können, ohne vollständige Lösung von (16) und (17), aus der Isotopenbilanz gewonnen werden (bei Verwendung von (13) und (14)):

$$Q_1(0) + bQ_2 + R_{10}t = Q_1 + Q_2 + Q_3 \tag{20}$$

und

$$a_1(0)\, Q_1(0) + [a_1(0) - 4{,}78 \cdot 10^{-6}]\, bQ_2 + rt = a_1Q_1 + a_2Q_2 + a_3Q_3 \tag{21}$$

Als weitere Unbekannte erscheint b, so daß die 4 gesuchten Größen in Abhängigkeit von vorgegebenen Werten für b betrachtet werden müssen (Tab. 1). In Abb. 5 ist der mit Hilfe der in Tab. 1 angegebenen Konstanten aus (17) berechnete Zeitverlauf von Q_1 enthalten.

Die Uratmosphäre muß weniger Stickstoff enthalten haben als Pool 2 heute, höchstens $2{,}68 \cdot 10^{15}$ t (Differenz zwischen $5{,}26 \cdot 10^{15}$ t, dem gegenwärtigen Gesamtbetrag des Stickstoffs in den 3 Pools, und $2{,}58 \cdot 10^{15}$ t, dem angenommenen Anfangswert $Q_1(0)$), was einem Wert $b = 0{,}69$ entspricht. Nutzt man nun die Vermutung, daß gegenwärtig Q_1 bereits annähernd seinen stationären Wert erreicht hat, kann man den möglichen Bereich noch weiter einengen. Wenn „annähernd" höchstens 10% Abweichung vom stationären Wert bedeuten soll, kann aus Abb. 5 ein Bereich

$$0 \leq b \leq 0{,}1 \tag{22}$$

Tab. 1. Resultate der Lösungen der Gleichungen (18)—(21) unter Verwendung vorgegebener Meßwerte

b	$Q_2(0)$, t	k_{21}, a^{-1}	I_{21}	$a_1(0)$	R_{10}, t/a
0	0	$1{,}0747 \cdot 10^{-9}$	1,0026	$3{,}6811 \cdot 10^{-3}$	$6{,}70 \cdot 10^{5}$
0,1	$0{,}386 \cdot 10^{15}$	0,9474	1,0024	3,6815	5,74
0,2	0,772	0,8271	1,0022	3,6818	4,77
0,25	0,965	0,7698	1,0021	3,6820	4,29
1,4	1,544	0,6099	1,0019	3,6825	2,84
0,5	1,930	0,5130	1,0018	3,6828	1,88

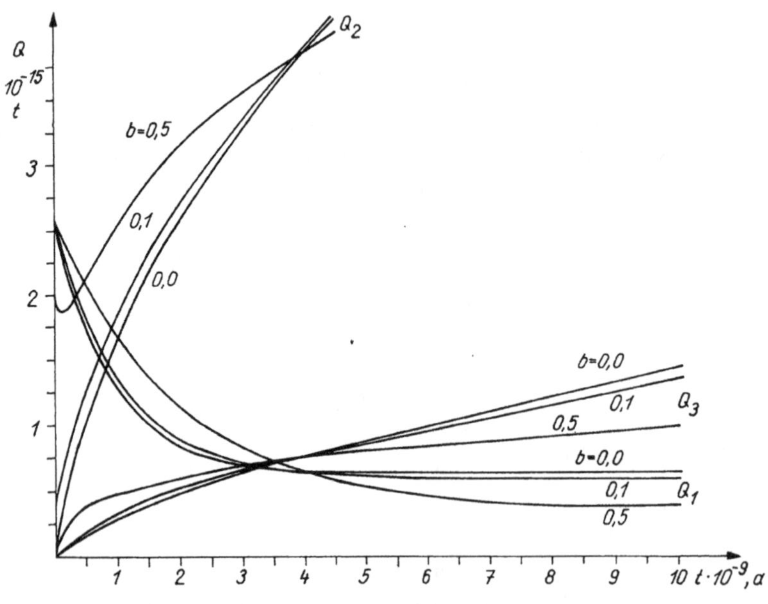

Abb. 5. Entwicklung der Poolgrößen Q_1, Q_2 und Q_3 während der Erdgeschichte

hergeleitet werden. Für diesen Bereich stimmt der berechnete Wert für I_{21} auch am besten mit dem aus geochemischen Überlegungen vorgegebenen überein.

Es kann ferner gezeigt werden, daß der Fluß R_{10} tatsächlich in das Modell eingeführt werden muß. Falls $R_{10} = 0$ gesetzt wird, resultieren zwei Möglichkeiten. Entweder hält man an dem vorgegebenen Wert für $Q_1(0)$ fest, dann folgt, wie bereits erwähnt, ein unrealistisch hoher Wert für b (0,69), der sowohl mit der Stationaritätsannahme als auch mit geochemischen Überlegungen nicht vereinbar ist, oder man nimmt einen höheren Wert für $Q_1(0)$ an (im Extremfall $5{,}26 \cdot 10^{15}$ t, den Gesamtbetrag des Stickstoffs in den drei Pools; dabei ist $b = 0$), dann ist der Isotopieeffekt I_{21}, der aus den Werten $Q_1, Q_2, Q_3, a_1, a_2, a_3$ sowie aus der Vorgabe für b gemäß Gl. (23)

$$I_{21} = \frac{\ln\left(\dfrac{Q_1 + Q_3 + (1-b)\,Q_2}{Q_1}\right)}{\ln\left(\dfrac{\{Q_1 + Q_3 + (1-b)\,Q_2\}\,\{q_1 + q_2 + q_3 + 4{,}78 \cdot 10^{-6}\,bQ_2\}}{a_1 Q_1 (Q_1 + Q_2 + Q_3)}\right)} \tag{23}$$

berechnet werden kann, viel kleiner, als hier vorausgesetzt wird:

$I_{21} = 1{,}0014$ für $b = 0$

$I_{21} = 1{,}0015$ für $b = 0{,}5$

Die Lösung der vollständigen Gleichungssysteme (16) und (17) ergibt, zusätzlich zu den Angaben in Tab. 1, Geschwindigkeitskonstanten für den Stickstoffaustausch zwischen den Pools 2 und 3 (Tab. 2). Die auf der Basis dieser Konstanten berechneten Zeitverläufe des Stickstoffgehalts und der δ^{15}N-Werte in den 3 Pools sowie der Flüsse zwischen den Pools sind in den Abb. 5–7 zu sehen. Wie aus Abb. 8 noch deutlicher hervorgeht, wird die Zeitabhängigkeit von δ_3 vom Anfangsstickstoffgehalt in der Atmosphäre ($Q_2(0)$) in charakteristischer Weise beeinflußt. Negative Werte für δ_3 kommen nur bei $b = 0$ vor, da für $b > 0$ $\delta_2(0)$ (und damit $\delta_3(0)$) durch $\delta_1(0)$ gemäß Gl. (14) festgelegt werden.

6. Diskussion

Ein Modell von einfacher Struktur wie das in Abb. 4 läßt praktisch beliebig viele Erweiterungen zu. Es ist aber in jedem Falle zu klären, ob solche Erweiterungen zur Bearbeitung einer vorgegebenen Fragestellung überhaupt nötig sind.

Zwei Ergänzungen des Modells liegen nahe. Es wäre zu berücksichtigen, daß ein Stickstoffstrom direkt aus den Magmatiten (Pool 1) in die Sedimentgesteine (Pool 3) führen kann. Möglicherweise ließe sich durch diesen zusätzlichen Fluß die Diskrepanz zwischen der Abschätzung von R_{21} in Abschn. 4 und dem tatsächlich errechneten Stickstoffstrom aus den Magmatiten erklären. Weiterhin dürfte es sinnvoll sein, vom Pool 3 den in der Biosphäre gebundenen Stickstoff abzutrennen, der für sich im Austausch mit dem Atmosphärenstickstoff steht.

Tab. 2. Geschwindigkeitskonstanten für den Stickstoffaustausch zwischen den Pools 2 und 3

b	k_{23}, a^{-1}	k'_{23}, a^{-1}	k_{32}, a^{-1}	k'_{32}, a^{-1}
0	$6{,}5094 \cdot 10^{-9}$	$6{,}4757 \cdot 10^{-9}$	$1{,}2950 \cdot 10^{-9}$	$1{,}2950 \cdot 10^{-9}$
0,1	6,5277	6,4939		
0,2	6,5449	6,5111		
0,25	6,5531	6,5192		
0,4	6,5759	6,5419		
0,5	6,5897	6,5556		

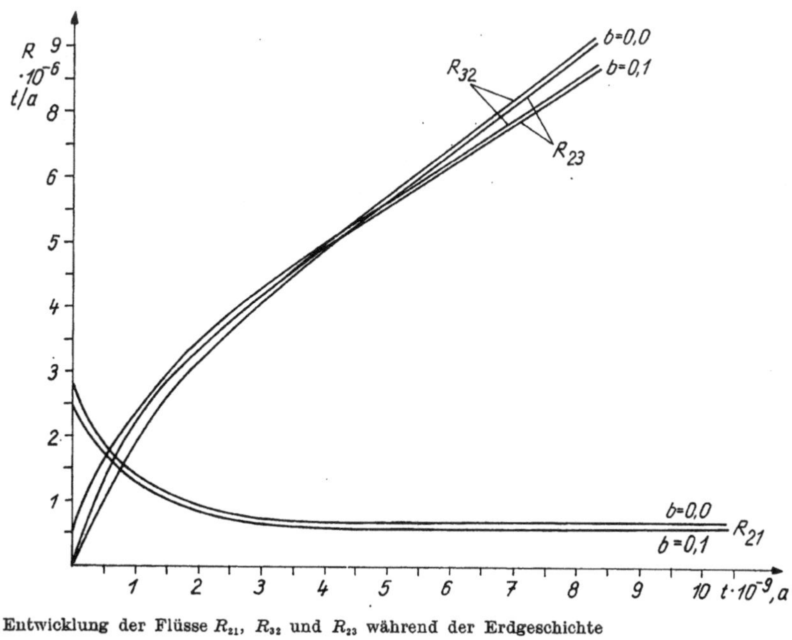

Abb. 6. Entwicklung der Flüsse R_{21}, R_{32} und R_{23} während der Erdgeschichte

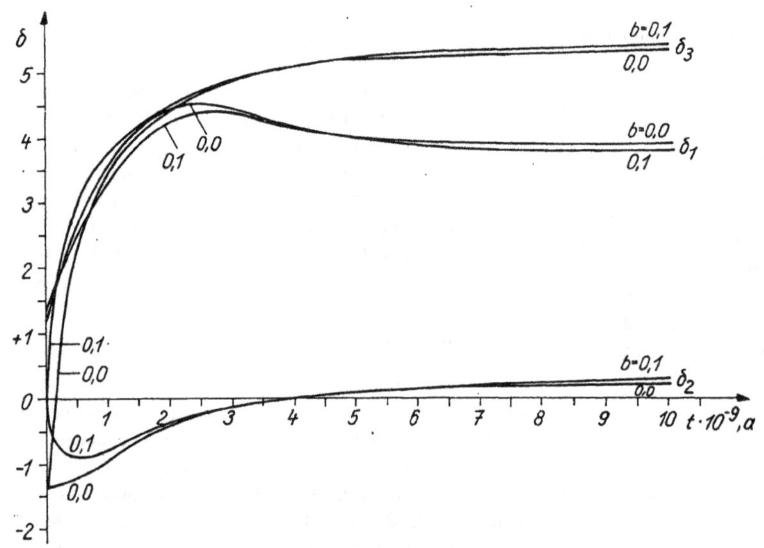

Abb. 7. Entwicklung der Isotopenzusammensetzung der Pools während der Erdgeschichte

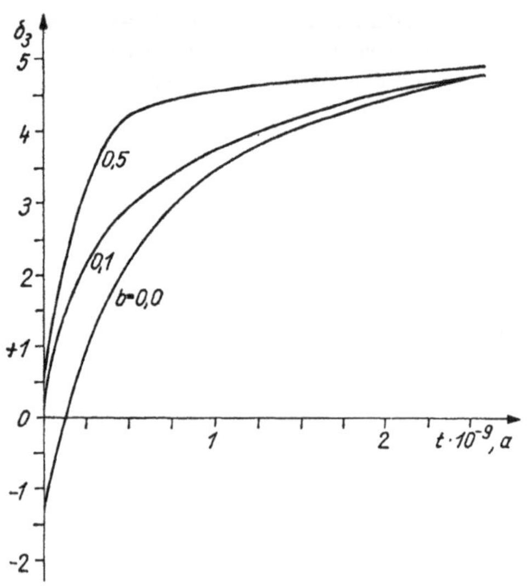

Abb. 8. Entwicklung der Isotopenzusammensetzung von Pool 3 in der frühen Phase der Erdgeschichte

Für eine Simulation des zeitlichen Verlaufs der Isotopenhäufigkeiten in der Atmosphäre und den Sedimenten sind diese beiden Erweiterungen von Bedeutung; gemäß Gl. (18) und (19) jedoch nicht für den in den Magmatiten (wobei dann dort R_{21} bzw. k_{21} die Gesamtheit der Flüsse aus Pool 1 darstellen). Besonders aber die Diskussion bezüglich der Größe von b und von R_{10} ist unabhängig von den beiden möglichen Erweiterungen.

Eingegangen am 18. 8. 1978

Literatur

[1] *M. B. Neimann, D. Gál*, The Kinetic Isotope Method and its Application. Akadémiai Kiadó, Budapest 1971

[2] *J. A. Jacquez*, Compartmental Analysis in Biology and Medicine: Kinetics of Distribution of Tracer-labelled Materials. Elsevier, Amsterdam 1972

[3] *R. J. Mullholland, M. S. Keener*, J. Theor. Biol. **44** (1974) 105

[4] *R. Nydal* in: Radioactive Dating and Methods of Low-Level Counting. IAEA, Wien 1967, S. 119

[5] *J. Z. Hearon*, Ann. N.Y. Acad. Sci. **108** (1963) 36

[6] *K. H. Norwich, G. Helenyi*, Biophysik **7** (1971) 169

[7] *K. Wetzel*, ZfI-Mitteilungen, Nr. 11 (1977), Akademie der Wissenschaften der DDR, Zentralinstitut für Isotopen- und Strahlenforschung

[8] *E. Winkler*, Biometr. Z. **16** (1974) 259

[9] *K. Wetzel, E. Winkler*, Proc. 3rd Internat. Conference on Stable Isotopes, Oak Brook, Ill. May 23–26, 1978

[10] *K. H. Wedepohl* in: Handbook of Geochemistry (K. H. Wedepohl, ed.), Vol. I, Springer-Verlag, Berlin, Heidelberg, New York 1972

[11] *K. H. Wedepohl* in: Handbook of Geochemistry (K. H. Wedepohl, ed.), Vol. II–3, Springer-Verlag, Berlin, Heidelberg, New York 1972

[12] *K. Wetzel*, Isotopenpraxis **14** (1978) 408

Erhöhte Tritiumkonzentration im Niederschlag des südlichen Teils der DDR

K. Fröhlich, R. Gellermann, D. Hebert

(Bergakademie Freiberg, Sektion Physik)[1]

Für fünf Stationen im südlichen Teil der DDR werden Monats- und Jahresmittel der Tritiumkonzentration im Niederschlag der Jahre 1975/76 mitgeteilt. Im Februar und September 1975 traten ungewöhnlich hohe mittlere monatliche Tritiumkonzentrationen mit Spitzenwerten oberhalb 1000 T. E. auf. Die zeitliche Zuordnung dieser Tritiumkonzentrationen zu einzelnen Niederschlagsereignissen sowie die möglichen Ursachen der hohen Tritiumkonzentrationen werden diskutiert.

(B32) INIS DESCRIPTORS:

German Democratic Republic; radiation monitoring; radioactivity; rain; rain water; tritium

1. Einleitung

Als Grundlage für isotopenhydrogeologische Untersuchungen wird in Freiberg seit 1969 monatlich die spezifische Tritiumaktivität im Niederschlag bestimmt. Die Meßergebnisse sowie die verwendete Probennahme- und Meßtechnik sind in [1] und [2] publiziert.

Ergänzend zur regelmäßigen Messung der spezifischen Tritiumaktivität im Freiberger Niederschlag wurden in den Jahren 1975/76 in den meteorologischen Stationen Karl-Marx-Stadt, Leipzig, Cottbus und Brocken sowie in Wittenberg monatlich Niederschlagsproben gesammelt[2]) und deren Tritiumaktivität anschließend in Freiberg bestimmt.

2. Meßergebnisse

Abb. 1 zeigt die von uns gemessenen spezifischen Tritiumaktivitäten der Jahre 1975/76 und stellt sie den Meßwerten benachbarter ausländischer Stationen (Wien und Krakow) gegenüber[3]). Es heben sich deutlich zwei Monate mit erhöhten Tritiumkonzentrationen heraus, der Februar und der September 1975. In beiden Monaten wurden örtlich Monatsmittelwerte von mehr als 1000 T. E. erreicht, im Februar in Leipzig (1380 ± 110) T. E. und im September in Freiberg (1420 ± 110) T. E.

Während im Februarniederschlag der Stationen Wittenberg und Brocken keine Abweichung vom Durchschnittswert festgestellt werden konnte und Karl-Marx-Stadt mit (331 ± 19) T. E. nur einen leicht erhöhten Tritiumpegel aufwies, zeigen sich im September praktisch bei allen Stationen über dem Normalen liegende spezifische Tritiumaktivitäten (Wittenberg keine Messung).

Die Jahresmittel der spezifischen Tritiumaktivität sind in Tab. 1 zusammengestellt.

Bedingt durch die beiden Monate mit erhöhten spezifischen Tritiumaktivitäten liegt die mittlere spezifische Tritiumaktivität des Jahres 1975 im südlichen Teil der DDR (außer Brocken) bei etwa 200 ... 250 T. E. und damit über dem Niveau der benachbarten ausländischen Stationen Wien und Krakow (100 bis 150 T. E.).

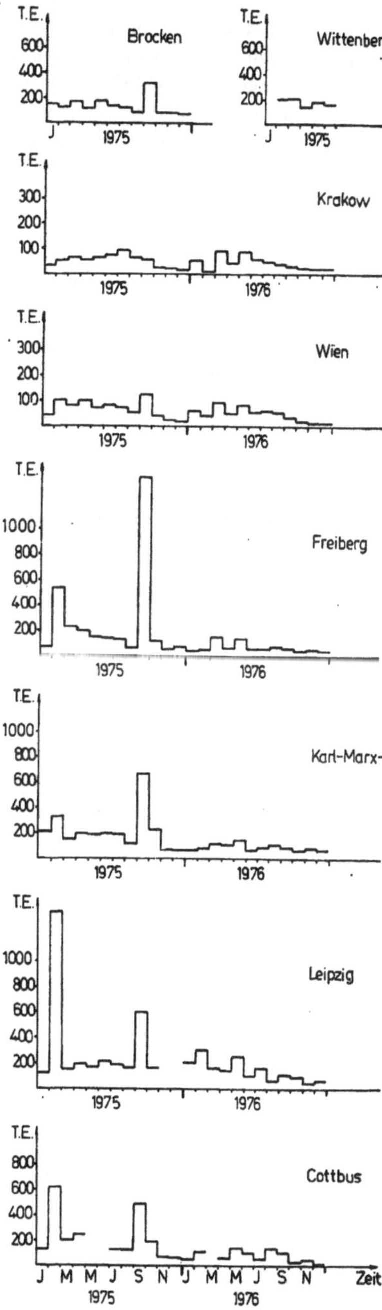

Abb. 1. Monatsmittel der spezifischen Tritiumaktivität in Niederschlägen verschiedener Stationen für die Jahre 1975 bis 1976

[1]) Anschrift: 92 Freiberg, Bernhard-von-Cotta-Straße 4

[2]) Für die Bereitstellung der Proben von den Stationen Karl-Marx-Stadt, Leipzig, Brocken, Cottbus und Wittenberg danken wir dem Zentralinstitut für Isotopen- und Strahlenforschung der AdW der DDR.

[3]) Die T-Konzentrationswerte für die Niederschläge von Wien und Krakow wurden uns freundlicherweise von Herrn Prof. *T. Florkowski* (Internationale Atomenergieorganisation, Wien) bzw. von Herrn Dr. *Grabczak* (Institut für Physik und Kerntechnik der Berg- und Hüttenakademie Krakow) zur Verfügung gestellt.

Tab. 1. Jahresmittel der monatlichen Tritiumkonzentrationen

Station	Jahresmittel der T-Konz. in T. E.¹)	
	1975	1976
Freiberg	247	74
K.-M.-Stadt	202	86
Leipzig	229²)	145
Cottbus	208²)	69³)
Brocken	139	—
Wien	140	97
Krakow	125	98

¹) 1 T. E. = 1 T-Atom pro 10^{18} H-Atome
²) nur 10 Monatswerte; ³) nur 11 Monatswerte

Die im „normalen" Jahr 1976 gemessenen Tritiumkonzentrationen im Südteil der DDR stimmen im Rahmen der natürlichen Schwankungsbreite mit den Vergleichswerten aus Wien und Krakow überein. Weitergehende Schlußfolgerungen bezüglich der regionalen Verteilung können aus den Beobachtungsdaten eines Jahres nicht abgeleitet werden. Dazu sind mehrjährige Meßreihen erforderlich [1].

3. Diskussion der Meßergebnisse

Im folgenden soll hauptsächlich auf die Tritiumkonzentrationen im Niederschlag von 1975 mit den beiden außergewöhnlichen Monaten Februar und September eingegangen werden.⁴)

⁴) Eine zufällige Kontamination bei der Entnahme, Lagerung und Messung der Proben sowie grobe Meßfehler können mit Sicherheit ausgeschlossen werden.

Da sowohl im Februar als auch im September praktisch der gesamte Niederschlag in drei ausgeprägten Perioden fiel (Tab. 2), und an den dazwischenliegenden Tagen keine bzw. vernachlässigbar geringe Niederschläge auftraten (Ausnahme: Brocken mit 22,5 mm am 18./19. IX.), liegt es nahe zu fragen, ob eine zeitliche Zuordnung der erhöhten Tritiumkonzentrationen zu einer dieser Perioden möglich ist. Solch eine Zuordnung kann durch die zeitliche Einengung helfen, Ursachen des „außergewöhnlichen Tritiumereignisses" abzugrenzen. Geht man von der Vorstellung aus, daß die erhöhten Tritiumkonzentrationen von nur einer Niederschlagsperiode verursacht wurden, die anderen Niederschläge des betreffenden Monats jedoch mit „normalen" Tritiumkonzentrationen fielen, kann man die gemessene Konzentration aus der Mischung zweier Anteile erklären:

$$T = \frac{N_1 \cdot T_1 + N_2 \cdot T_2}{N_1 + N_2} \tag{1}$$

T = gemessene mittlere monatliche Tritiumkonzentration
T_1 — „normale" Tritiumkonzentration
T_2 — erhöhte Tritiumkonzentration
N_1, N_2 — zugehörige Niederschlagshöhen

Wird T_1 mit 100 ... 200 T. E. veranschlagt, läßt sich aus Gl. (1) T_2 berechnen (Tab. 3).

Man erkennt, daß die erste Niederschlagsperiode im September den beobachteten Tritium-Peak nicht erklären kann (Leipzig kein Niederschlag). Auch die Niederschläge vom 26.—29. IX. scheiden mit hoher Wahrscheinlichkeit als Ursache aus, da sie die Annahme extrem hoher Tritiumkonzentrationen von ca.

Tab. 2. Niederschlagsmengen in mm in Februar und September 1975

	Freiberg	K.-M.-Stadt	Leipzig	Cottbus	Brocken	Wittenberg
Niederschlag						
1.— 3. II. 75	6,8	4,4	2,6	1,6	15,6	1,1
11.—14. II. 75	5,7	3,9	5,9	7,5	22,9	3,9
17.—19. II. 75	12,7	11,8	2,7	0,6	17,3	0,6
Σ Februar 75	26	20	11	10	57	6
3.— 5. IX. 75	2,4	3,2	—	11,5	4,8	
11.—14. IX. 75	36,5	38,0	13,2	35,8	32,5	
26.—29. IX. 75	2,5	3,4	1,8	6,1	54,3*)	
Σ September 75	43	45	15	54	115	

*) 24.—30. 9. 1975

Tab. 3. Nach Gl. (1) berechnete Tritiumkonzentrationen (in T. E.) der einzelnen Niederschlagsperioden im Februar und September 1975 (gerundete Werte)

	1.—3. II.	11.—14. II.	17.—19. II.	3.—5. IX.	11.—14. IX.	26.—29. IX.
Freiberg	1600—1800	1800—2200	900—1000	22200—23800	1640—1660	21300—22800
K.-M.-Stadt	800—1200	900—1300	400— 500	6700— 8000	740— 760	6300— 7500
Leipzig	5300—5600	2400—2500	5100—5400	—	660— 680	3600— 4300
Cottbus	2800—3400	760— 800	7200—8800	1600— 2000	640— 700	2800— 3600
Brocken	— 200	30— 180	— 200	3000— 5300	620— 870	450— 560
Wittenberg	250— 700	220— 270	300—1200			

Der 1. Wert entspricht T_1 = 200 T. E., der 2. Wert T_1 = 100 T. E.

7000 T. E. (Karl-Marx-Stadt) und über 20000 T. E. (Freiberg) voraussetzen. Derartig hohe atmosphärische Tritiumkonzentrationen sind, langjährigen Messungen zufolge [1], sehr unwahrscheinlich. Die am wenigsten „exotischen“ Werte ergeben sich, wenn man die Hauptniederschlagsperiode vom 11.—14. IX. als verantwortlich für den Tritium-Peak ansieht. Es ist deshalb zu vermuten, daß diese Niederschläge den Monatsmittelwert der Tritiumkonzentration auf den beobachteten Wert erhöhten.

Interessant sind die für diese Zeit an den meisten Orten relativ einheitlichen Tritium-Pegel von 600 ... 900 T. E. (außer Freiberg, aber einschließlich Brocken). Der vergleichsweise schwache Tritium-Peak des Brockens in Abb. 1 kann also gut aus einer Verdünnung durch die hohen Niederschläge vom 24.—30. IX. erklärt werden.

Im Februar beschränkten sich die erhöhten Tritiumkonzentrationen auf den südöstlichen Teil der DDR. Die Stationen Brocken und Wittenberg wiesen keine signifikanten Abweichungen von den Durchschnittswerten auf. Eine analoge Ausgliederung einer Niederschlagsperiode, die für die erhöhten Monatsmittel der Tritiumkonzentration verantwortlich sein könnte, ist nicht so einfach durchzuführen. Eine ähnlich ausgeprägte Hauptniederschlagsperiode wie im September gab es nicht. Die aus Gl. (1) berechneten Tritiumkonzentrationen der einzelnen Niederschlagsperioden schwanken daher stark.

Die geringsten Konzentrationen sind für die Niederschläge vom 11.—14. II. notwendig. Es kann jedoch nicht ausgeschlossen werden, daß auch die anderen Perioden zumindest teilweise erhöhte Tritiumkonzentrationen aufwiesen.

Die erhöhte Tritiumkonzentration in der Luftfeuchte ist wahrscheinlich nicht auf den Durchzug einer „radioaktiven Wolke“ in der Troposphäre infolge eines unmittelbar vorangegangenen Kernwaffentests zurückzuführen. Die Meßergebnisse der künstlichen β-Aktivität der Luft und des Ausfalls von Dresden-Wahnsdorf zeigen im gesamten Jahr 1975 keine ungewöhnlich hohen Werte [3].

Man könnte vermuten, daß es sich ähnlich wie bei der in [4] beschriebenen Situation um eine regional begrenzte Injektion stratosphärischen Tritiums in die Troposphäre handelte. Das Eindringen stratosphärischer Luft in die Troposhäre in begrenzten Gebieten ist nach [5] bei einer sogenannten Tropopausenfaltung möglich. Das bisher untersuchte Datenmaterial reichte jedoch nicht aus, um feststellen zu können, ob in den beiden Monaten im Untersuchungsgebiet eine Tropopausenfaltung stattgefunden hat.

Die einfachste Erklärung ist im Fall einer Injektion technogenen Tritiums in die Troposphäre außerhalb des Territoriums der DDR möglich. Deshalb sollten noch weitere Tritium-Meßstationen und die großräumige meteorologische Situation im Untersuchungszeitraum in die Auswertung einbezogen werden.

Eingegangen am 25. 8. 1978

Literatur

[1] *K. Fröhlich, D. Hebert, H. Jordan*, Isotopenpraxis **14** (1978) 387

[2] *K. Fröhlich, D. Hebert, A. Andreeff*, Isotopenpraxis **8** (1974) 130

[3] Nach Angaben des Meteorologischen Dienstes der DDR, Meteorologisches Observatorium Wahnsdorf (unveröffentlicht)

[4] *F. Bauer, V. Rajner, D. Rank*, Naturwissenschaften **62** (1975) 526

[5] *T. Nanni, A. Speranza, A. Trevisan, O. Vittori*, Arch. Met. Geoph. Biokl., Ser. A, **24** (1975) 321

Untersuchungen zum Verhalten der anorganischen Formen des Radiojods in den Kreisläufen von Druckwasserreaktoren

M. Alm, K.-H. Johannsen

(Staatliches Amt für Atomsicherheit und Strahlenschutz)[1]

R. Dreyer

(Technische Universität Dresden, Sektion Chemie)[2]

Der Einfluß von Druck, Temperatur und Wasserregime auf das Verhalten der anorganischen Formen des Radiojods wurde im Labormaßstab unter simulierten Wärmeträgerbedingungen eines Druckwasserreaktors untersucht. Dabei kam Primärkreislaufwasser vom Druckwasserreaktor WWER-440 und Wasser praxisnaher Zusammensetzung zum Einsatz. Die experimentellen Daten zum Radiojodverhalten wurden an Hand der aus der Literatur bekannten Vergleichswerte diskutiert.

(B13; E32) INIS DESCRIPTORS:

chemical reactions; coolants; high pressure; high temperature; iodine; iodine 131; pH value; simulation; steam; water; water chemistry

1. Einleitung

Vergleicht man von den Spaltprodukten des Urans einige Faktoren wie Spaltausbeute, Flüchtigkeit, chemische Reaktionsfreudigkeit, Halbwertszeit und radiobiologische Eigenschaften, so ergibt sich aus der Sicht des Strahlenschutzes, daß dem Radiojod besondere Aufmerksamkeit gewidmet werden muß.

Radiojod tritt im Kernkraftwerk elementar und in anorganischen sowie organischen Verbindungen auf. Primär wird das aus den Brennelementen von Druckwasserreaktoren freigesetzte Jod in anorganischer Form erwartet.

Das Verhalten des Radiojods in wäßrigen Lösungen wurde in den letzten zehn Jahren besonders unter dem Blickwinkel der Radiojodentfernung aus der Sicherheitseinschlußatmosphäre studiert. Theoretische Untersuchungen der Reaktionen des Jods in Wasser erfolgten von *Eggleton* [1]. In Anlehnung an diese und an experimentelle Arbeiten von *Allen* und *Keefer* [2] können folgende Gleichgewichtsreaktionen des Jods in den Kreisläufen von Druckwasserreaktoren aufgestellt werden:

Anschriften: [1]) 8354 Lohmen, Herrenleite; [2]) 8027 Dresden, Mommsenstr. 13

$$J_2(g) \rightleftharpoons J_2(l) \quad (1)$$
$$J_2 + H_2O \rightleftharpoons J^- + H^+ + HJO \quad (2)$$
$$J_2 + H_2O \rightleftharpoons H_2OJ^+ + J^- \quad (3)$$
$$J_2 + J^- \rightleftharpoons J_3^- \quad (4)$$
$$3\,J_2 + 3\,H_2O \rightleftharpoons JO_3^- + 5\,J^- + 6\,H^+ \quad (5)$$
$$HJO \rightleftharpoons H^+ + JO^- \quad (6)$$
$$HJO \rightleftharpoons J^+ + OH^- \quad (7)$$

Die Gleichgewichtskonstanten der Reaktionen (1) bis (7) liegen für atmosphärische Bedingungen vor [2–5], reichen aber zur Einschätzung des Radiojodverhaltens unter Druckwasserreaktorbedingungen nicht aus.

Bei dem seltenen Fall einer Dampferzeugerleckage gelangt Primärkreislaufwasser in den Sekundärkreislauf. Als Einflußfaktor für das Radiojodverhalten kommt u. a. der Phasenübergang Wasser — Wasserdampf hinzu. Dieser Übergang verdient deshalb besondere Aufmerksamkeit, weil er zu Aktivitätsfreisetzungen außerhalb des Kontrollbereiches eines Druckwasserreaktors führen kann. Das Auftreten von radiojodkontaminiertem Wasserdampf in Kernkraftwerken mit Druckwasserreaktoren kann nicht nur mit der Existenz leichtflüchtiger Jodverbindungen erklärt werden. Aus der Literatur [6–10] geht hervor, daß Wasserdampf bei Drücken > 10 MPa eine Reihe von Metalloxiden, -hydroxiden und -halogeniden löst. Von *Frank* [11] konnte bereits 1956 die Löslichkeit in hochgespanntem Wasserdampf experimentell und theoretisch fundiert werden. *Styrikovich* und *Martynova* [6] benutzten zur Darstellung des Verteilungsverhaltens von Feststoffen zwischen Wasser und Wasserdampf folgende einfache Beziehung, die jedoch streng genommen nur in der Nähe des kritischen Punktes des Systems gilt:

$$K_D = \frac{C_g}{C_l} = \left(\frac{\varrho_g}{\varrho_l}\right)^n \quad (8)$$

C_i Konzentration in der Phase i
g Index für gasförmigen Zustand
K_D Verteilungskoeffizient
l Index für flüssigen Zustand
n Hydratationszahl
ϱ Dichte

Die Wechselwirkungen des Radiojods unter Druckwasserreaktorbedingungen sind in [12] zusammengefaßt. Neben Druck, Temperatur, Wasserinhaltsstoffen und ionisierender Strahlung wirken sekundär die Radiolyseprodukte des Wassers auf das Redoxverhalten des Jods. Bei der Gammabestrahlung von wäßrigen jod-, jodid- sowie jodathaltigen Lösungen (pH-Wert 6,3 ... 9, Temperatur 20 °C, atmosphärischer Druck) entstand als Reaktionsendprodukt ausschließlich die Jodidform [13, 14].

Das Ziel der vorliegenden Arbeit bestand darin, die Formen und das Verteilungsverhalten des Radiojods zwischen Wasser und Wasserdampf in Abhängigkeit von Temperatur, Druck und Wasserregime eines Druckwasserreaktors zu untersuchen. Zur breiteren Interpretation der Meßergebnisse wurde der Untersuchungsbereich über die Betriebsparameter hinaus gewählt. Die Ergebnisse sollen als Grundlage für weitere Untersuchungen zum Freisetzungsverhalten des Radiojods bei plötzlichen Druckentlastungsvorgängen dienen.

2. Experimentelles

2.1. *Versuchsanordnung*

Die Verteilung der anorganischen Jodformen zwischen Wasser und Wasserdampf in Abhängigkeit von Druck, Temperatur und Fremdionen wurde nach der statischen Methode untersucht. Abb. 1 zeigt das Schema der Versuchsanordnung.

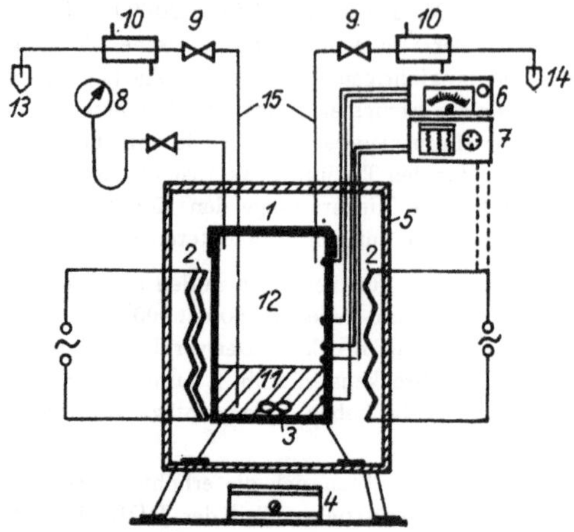

Abb. 1. Schema der Hochdruckapparatur
1 – Autoklav; 2 – Heizung; 3 – Magnetrührer; 4 – Magnetrührwerk; 5 – Thermische Isolation; 6 – Temperaturmessung; 7 – Temperaturregelung; 8 – Druckmessung; 9 – Nadelventil; 10 – Probennahmekühlung; 11 – Flüssigphase; 12 – Gasphase; 13 – Probennahme (Flüssigph.); 14 – Probennahme (Gasphase); 15 – Kapillare für Probennahme

Der erforderliche Betriebsdruck wurde durch elektrisches Aufheizen der Außenmantelflächen des Autoklavs erzeugt. Zur Bestimmung des Verteilungsverhaltens erfolgte eine direkte Probennahme aus der Flüssigkeits- und Dampfphase. Dazu dienten Kapillaren mit einem speziellen Kühlmantel und Nadelventil. Die Messung der ionisierenden Strahlung erfolgte mit einem Sekundärelektronenvervielfacher mit Vorverstärker und Bohrlochkristall NaJ(Tl). Die Meßdauer der zu bestimmenden Flüssigkeitsproben wurde so gewählt, daß der relative statistische Fehler der Zählrate $\leqq \pm 1\%$ betrug.

Technische Daten:

– Autoklav: Volumen 0,3 l
  Werkstoff X8CrNiTi 18.10
  Auslegungsdaten: Druck 16 MPa
  Temperatur 400 °C
– Elektrische Außenmantelheizung:
  Rohrheizkörper 750/150 W
– Druckmessung: Geeichtes Feinmeßmanometer
  Meßbereich 0 ... 25 MPa
  Klasse 0,6 nach TGL 16374
– Temperaturregelung:
  - Elektronischer Temperaturregler ARU-60/2 (VEB Wetron-Weida), Regelbereich 50 ... 450 °C
  - Fallbügelkontaktgeber, kombiniert mit Widerstandsthermometer Pt 100
    Regelempfindlichkeit ± 1 °C
– Temperaturmessung:
  - Eisen-Konstantan-Thermoelemente (3 Stck.), gekoppelt mit Mehrfarbenschreiber
  - Widerstandsthermometer Pt 100 (2 Stck.), gekoppelt mit ARU-Regler

2.2. *Darstellung der anorganischen Jodformen*

Zur Anwendung kamen trägerfreie und geträgerte Lösungen von Jod und seinen Hydrolyseprodukten. Bei der Darstellung der jeweiligen Oxydationsstufen wurde von wäßrigen $Na^{131}J$-haltigen Lösungen ausgegangen.

Die Herstellung von elementarem Jod erfolgte durch die Festsubstanzoxydation von Natriumjodid mit Kaliumdichromat

$$6\,Na^{131}J + K_2Cr_2O_7 \xrightarrow{400\,^\circ C} 3\,{}^{131}J_2 + 3\,Na_2O + K_2O + Cr_2O_3 \quad (9)$$

Die Joddämpfe wurden mit Heißluft aus dem Reaktionsgefäß entfernt und in einer Kühlschlange sublimiert [15].

Die Überführung der Jodid- in die Jodat- bzw. Perjodatstufe wurde mit Natriumhypochlorit im sauren bzw. alkalischen Medium entsprechend den Publikationen [16, 18] durchgeführt. Zur Reinheitsprüfung der jodat- bzw. perjodathaltigen wäßrigen Lösungen diente die Dünnschichtchromatographie bzw. Papierelektrophorese.

2.3. *Analysenmethoden*

2.3.1. Jodidbestimmung. Es wurden zwei Mikrobestimmungsmethoden ausgewählt und der vorliegenden Problematik angepaßt:

- jodidkatalytische Jodat-Arsenat(III)-Reaktion [19]
- jodidkatalytische Cer(IV)-Arsen(III)-Reaktion [20]

Die Analysenmethoden arbeiten ohne großen apparativen Aufwand und eignen sich für Serienanalysen im Konzentrationsbereich ng ... µg $J^- \cdot ml^{-1}$.

2.3.2. Simultanbestimmung. Die Oxydationsstufen des Radiojods in wäßrigen Lösungen wurden wie folgt bestimmt:

- Abtrennen der elementaren Form durch Extraktion mit Benzol und Ausmessen des Radiojods in der organischen Phase,
- Auftrennen der Ionenformen durch Dünnschichtchromatographie bzw. Papierelektrophorese.

Die angewandte dünnschichtchromatographische Trennmethode arbeitete nach dem aufsteigendem Prinzip in einer thermostatierten Entwicklerkammer. Zur Anwendung kamen die handelsüblichen Chromatographieplatten:

- Silufol (Hersteller: Firma Kavalier, ČSSR)
  Sorptionsmittel: Silpearl (weitporiges Silikagel)
- FND-Folie (Hersteller: VEB Spezialfabrik Niederschlag, DDR)
  Sorptionsmittel: Zellulosepulver

Als Fließmittel zur Auftrennung der Jodoxydationsstufen eignete sich folgendes Lösungsmittelgemisch [17, 18]: Methanol/25%iges Ammoniak/Wasser/10%ige Essigsäure (9:1:1:0,5).

Für Aussagen zur Signifikanz von Meßreihen diente als zweite Analysenmethode neben der Dünnschichtchromatographie die Papierelektrophorese (diskontinuierliche Hochspannungselektrophorese. In Anlehnung an die Arbeiten von *Dreyer* u. a. [21] wurde als Elektrolytflüssigkeit 0,1 molare Na_2SO_4-Lösung verwendet.

Die qualitative und quantitative Auswertung der Dünnschichtchromatogramme und Elektropherogramme erfolgte durch Ausmessen der Impulsdichte (Scanning) und durch Autoradiographie.

2.4. *Meßergebnisse*

Das Verteilungsverhalten der anorganischen Jodformen zwischen Wasser und Wasserdampf wurde bei Drücken von 2 ... 14 MPa

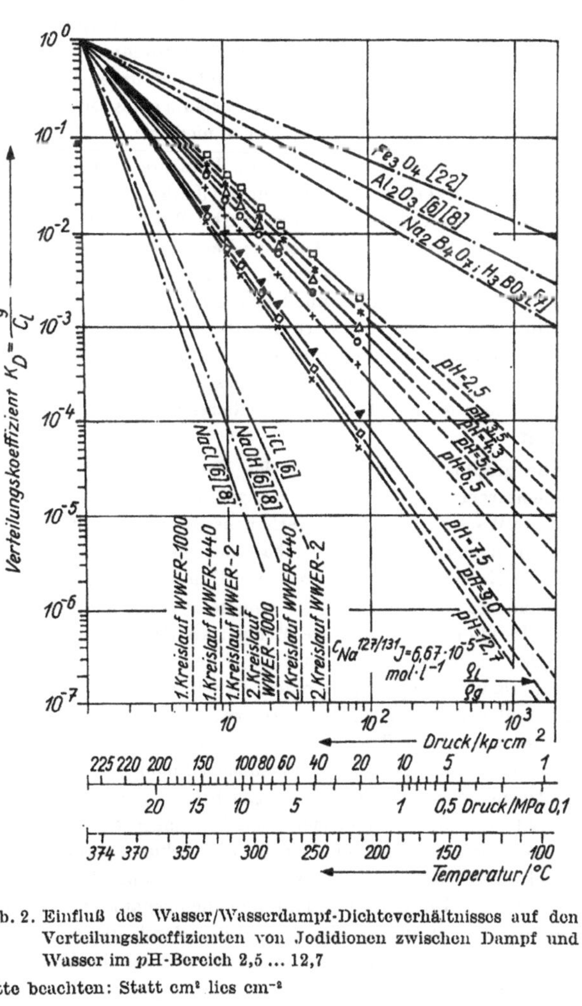

Abb. 2. Einfluß des Wasser/Wasserdampf-Dichteverhältnisses auf den Verteilungskoeffizienten von Jodidionen zwischen Dampf und Wasser im pH-Bereich 2,5 ... 12,7

Bitte beachten: Statt cm² lies cm⁻²

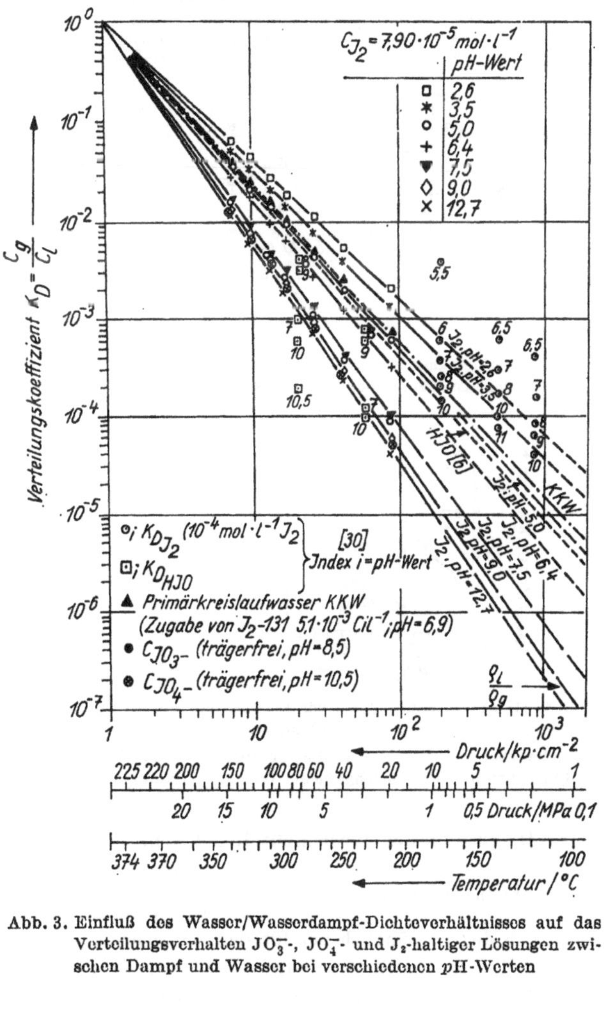

Abb. 3. Einfluß des Wasser/Wasserdampf-Dichteverhältnisses auf das Verteilungsverhalten JO_3^--, JO_4^-- und J_2-haltiger Lösungen zwischen Dampf und Wasser bei verschiedenen pH-Werten

und Temperaturen von 210 ... 335 °C untersucht. Zum Einsatz kamen wäßrige $^{127/131}J^-$-, $^{127/131}JO_3^-$-, $^{127/131}JO_4^-$- und $^{127/131}J_2$-haltige Lösungen im Konzentrationsbereich 10^{-7} ... $6 \cdot 10^{-7}$ mol $\cdot$ l^{-1} und mit *p*H-Werten von 2,5 ... 12,7 sowie Primärkreislaufwasser des Druckwasserreaktors WWER-440.

Zur Einstellung der *p*H-Werte der Ausgangslösung diente Natronlauge, Phosphorsäure oder Borsäue. In Abb. 2 und 3 sind die Verteilungskoeffizienten in Abhängigkeit vom Wasser/Wasserdampf-Dichteverhältnis dargestellt. Die angegebenen Meßwerte sind Mittelwerte aus 6 Einzelmessungen (Aufheiz- und Abkühlvorgang im Hochdruckautoklav). Die Aussagen zur Signifikanz der Meßreihen (*t*-Test) beziehen sich auf ein Vertrauensintervall von 95%.

Bei den Untersuchungen mit Primärkreislaufwasser des Druckwasserreaktors WWER-440 wurde der wäßrigen Phase elementares ^{131}Jod ($5{,}1 \cdot 10^{-3}$ Ci $\cdot$ l^{-1}) zugesetzt. Die graphische Darstellung des Verteilungsverhaltens von Radiojod in den Kreisläufen der Druckwasserreaktoren vom Typ WWER (Abb. 4 erfolgte an Hand der aus der Literatur bekannten Betriebswerte [22, 23] und der Meßdaten (Abb. 2). Die errechneten Werte für *n* (Steigung der Geraden aus Abb. 2) sind als Funktion des *p*H-Wertes der wäßrigen Phase gesondert in Abb. 5 dargestellt.

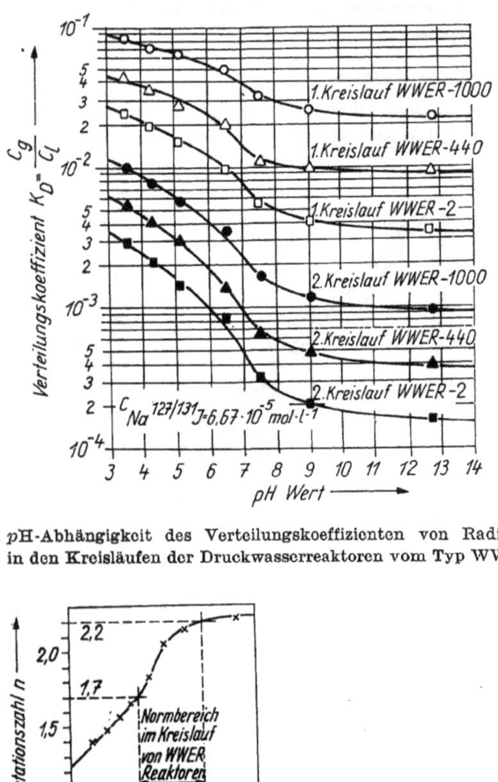

Abb. 4. *p*H-Abhängigkeit des Verteilungskoeffizienten von Radiojod in den Kreisläufen der Druckwasserreaktoren vom Typ WWER

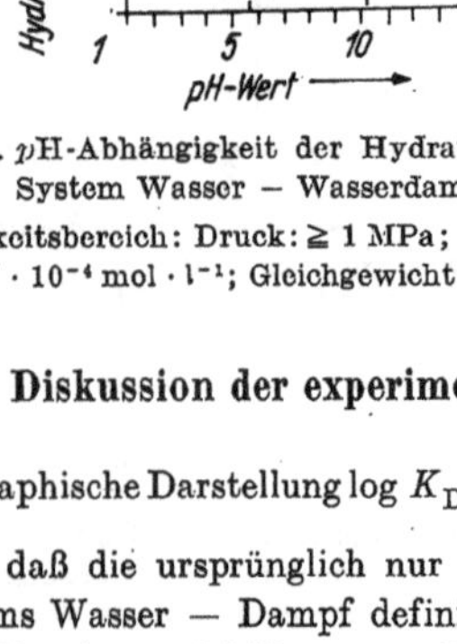

Abb. 5. *p*H-Abhängigkeit der Hydratationszahl von Natriumjodid im System Wasser — Wasserdampf

Gültigkeitsbereich: Druck: ≥ 1 MPa; Temperatur: ≥ 210 °C; $c_{Na^{127/131}J}$: $\leq 6{,}67 \cdot 10^{-4}$ mol $\cdot$ l^{-1}; Gleichgewicht: Wasser — Dampf

3. Diskussion der experimentellen Daten

Die graphische Darstellung $\log K_D = f\left(\log \frac{\text{Dichte Wasser}}{\text{Dichte Wasserdampf}}\right)$ zeigt, daß die ursprünglich nur für den kritischen Punkt des Systems Wasser — Dampf definierte Beziehung (8) für Sattdampfdrücke ≥ 2 MPa anwendbar ist. Schwach dissoziierte Elektrolyte, wie z. B. Borsäure, weisen einen hohen Verteilungskoeffizienten und kleine Werte für die Hydratationszahl *n* (ca. 1), stark dissoziierte Elektrolyte, wie z. B. Natriumhydroxid und Natriumchlorid, einen kleinen Verteilungskoeffizienten und große Werte für *n* (ca. 4) auf. Die Verteilungskoeffizienten von Natriumjodid liegen etwa in der Mitte der genannten Beispiele, wobei der *p*H-Wert der wäßrigen Lösung wesentlich den Wert von *n* bestimmt. Bezogen auf die Normwerte eines Druckwasserreaktors vom Typ WWER [22, 23] liegt die Hydratationszahl *n* von Natriumjodid im Bereich 1,7 ... 2,2 (Abb. 5).

Zu beachten ist, daß die ermittelte Radiojodkonzentration des Wasserdampfes eine durch Wasserdampflöslichkeit bedingte Mindestkonzentration darstellt und ein Mitreißen von feinverteiltem Wasser in die Dampfphase nicht berücksichtigt. Orientierende Messungen unter simulierten Wärmeträgerverlustbedingungen eines Druckwasserreaktors ergaben, daß der Effekt des Wassermitreißens in der Größenordnung der Radiojodlöslichkeit von vorgespanntem Wasserdampf liegt [12].

Die Größenordnung der in den Kreisläufen von Druckwasserreaktoren des Typs WWER zu erwartenden Verteilungskoeffizienten für Radiojod in Abhängigkeit vom *p*H-Wert zeigt Abb. 4. Danach beträgt z. B. im ersten bzw. im zweiten Kreislauf eines Druckwasserreaktors WWER-440 beim *p*H-Wert 6 die Radiojodkontamination des Dampfes 2,5 bzw. 0,2% (Radiojodkonzentration des Wassers gleich 100%).

Aus der Literatur [24] sind Hydratationszahlen für Jodidionen von 0 ... 31 und für Natriumjodid von 3 ... 7 bekannt. Nach neueren Messungen [25] soll die Hydratationszahl von Jodidionen bei 1,5 liegen; ein Wert, der relativ gut mit den vorliegenden Meßergebnissen übereinstimmt. Im Vergleich zum relativ hohen Lösungsvermögen des Wasserdampfes für Eisenoxid (Abb. 2), liegen die Werte für Jodidionen unter den Druck- und Temperaturbedingungen der Kreisläufe eines Druckwasserreaktors um 1 bis 2 Größenordnungen niedriger.

Untersuchungen zum Einfluß von Borsäure in der wäßrigen Phase auf das Verteilungsverhalten von Jodidionen ergaben, daß Borsäuremengen ≤ 16 g $\cdot$ l^{-1} die in Abb. 2 dargestellte Abhängigkeit nicht beeinflussen. Auch bei Berücksichtigung der unter Reaktorbedingungen vorliegenden ionisierenden Strahlung ist durch die Borsäureanwesenheit eine oxydierende Wirkung auf die Jodidionen nicht zu erwarten. *Miller* u. a. [26] konnten nachweisen, daß im Gegenteil durch die Borsäure eine Beschleunigung der Rekombinationsreaktion des im 1. Kreislauf entstandenen Sauerstoffs und anderer oxydierend wirkender Moleküle erfolgt.

Die graphische Darstellung des Verteilungsverhaltens von elementarem Jod in der Ausgangslösung als Funktion des Wasser/Wasserdampf-Dichteverhältnisses ergab einen Verlauf, der mit dem für Jodidionen erhaltenen identisch ist. Der analytische Nachweis in der Wasser- und Dampfprobe bestätigte die vollständige Überführung des eingesetzten elementaren Jods zum Jodidion. Nachweisbare Mengen an Hypojodidionen entstanden im Wasser bzw. im Dampf des Hochdruckautoklavs nicht. Da in den Proben bei einem Druck > 10 MPa das Radiojod zu über 99% als Jodid und zu etwa 0,1 ... 0,8% als Jod existierte, beträgt der Hypojodidanteil in der Wasser- und Dampfphase unter den genannten Versuchsbedingungen $\ll 1\%$ (Gesamtmenge der jeweiligen Phase gleich 100%). Dieses Ergebnis stimmt überein mit experimentellen Messungen zur chemischen Existenzform des Jods im Primär- und Sekundärkreislauf von Druckwasserreaktoren [27], wonach das gesamte Spaltjod als Jodid vorlag. Der hohe Jodidanteil bei den genannten Versuchsbedingungen ist im alkalischen Bereich durch die Hydrolysereaktionen (Gl. 2, 3, 5) erklärbar. Unerwartet ist die Reduktion des elementaren Jods im sauren Medium. Als potentielles Reduktionsmittel kommt bei den betreffenden Druck- und Temperaturbedingungen Wasserstoff in Frage, der als Folge der Stahl/Wasser-Reaktion entsteht [28, 29]:

$$3\,Fe + 4\,H_2O \rightarrow Fe_3O_4 + 3\,H_2 \text{ (Temperatur} < 570\,°C) \tag{11a}$$

$$Fe + H_2O \rightarrow FeO + H_2 \text{ (Temperatur} > 570\,°C) \tag{11b}$$

Auch beim Einsatz wäßriger $^{131}JO_3$- und $^{131}JO_4^-$-haltiger wäßriger Lösungen zeigten sich die reduzierenden Reaktionsbedingungen, die die Konformität der graphischen Darstellung von wäßrigen jodat- und perjodathaltigen mit jodidhaltigen Lösungen (Abb. 2, 3) erklärt. Hinzu kommt, daß dünnschichtchromatographische Reinheitsprüfungen der trägerfreien $^{131}JO_3^-$- und $^{131}JO_4^-$-haltigen Ausgangslösungen Spurenkonzentrationen von $^{131}J^-$-Ionen ergeben, die vermutlich die Reduktion unter den genannten Reaktionsbedingungen zumindest bis zur Oxydationsstufe ± 0 (Gleichung 5) initiieren.

Ein Vergleich der in der Literatur zitierten Jod-Verteilungskoeffizienten mit den vorliegenden Meßwerten ergab (Abb. 3), daß sich die einzelnen log K_D-Werte als Funktion des pH-Wertes im Bereich $\log \frac{\varrho_l}{\varrho_g} > 100$ bis zu einer Größenordnung und im Bereich $\log \frac{\varrho_l}{\varrho_g} < 100$ etwa um den Faktor 2 voneinander unterscheiden. Angaben zu den Jodoxydationsstufen in den jeweiligen Wasser- bzw. Dampfphasen erfolgten in den zitierten Publikationen nicht.

4. Schlußfolgerungen

Die vorliegenden Ergebnisse gestatten eine Abschätzung des Verhaltens der anorganischen Radiojodformen in den Kreisläufen eines Druckwasserreaktors. Dies betrifft sowohl das Verteilungsverhalten zwischen Wasser und Wasserdampf, als auch die Angabe zur chemischen Form des Jods in den jeweiligen Phasen.

Im Zusammenhang mit den Literaturerkenntnissen zum Einfluß ionisierender Strahlung auf das Reaktionsverhalten im Primärkreislauf kann man für einen Druckwasserreaktor vom Typ WWER schlußfolgern,

- daß das Radiojod im Wasser und Wasserdampf des ersten und zweiten Kreislaufes in der Jodidform vorliegt,
- daß die Radiojodkonzentration des Wasserdampfes bei konstantem Druck und konstanter Temperatur im wesentlichen durch den pH-Wert des Wassers bestimmt wird,
- daß die Wasserdampflöslichkeit für Radiojod bei den Normparametern des ersten Kreislaufes eines Druckwasserreaktors vom Typ WWER näherungsweise nach folgender Beziehung berechnet werden kann:

$$K_D = \frac{C_g}{C_l} = \left(\frac{\varrho_g}{\varrho_l}\right)^2$$

Eingegangen am 3. 8. 1978

Literatur

[1] *A. E. J. Eggleton*, A Theoretical Examination of Jodine-Water Partition Coefficients AERE – R – 4887, 1967

[2] *T. L. Allen, R. Keefer*, J. Am. Chem. Soc. 77 (1955) 2957

[3] *L. F. Parsly*, Calculation of Jodine-Water Partition Coefficients ORNL-TM 2412, Part IV, 1970

[4] *M. Davies, E. Gwynne*, J. Am. Chem. Soc. 74 (1952) 1748

[5] *A. Skrabal*, Ber. 75B (1942/43) 1570

[6] *M. A. Styrikovich, O. J. Martynova*, Atomn. Energ. 15 (1963) 214

[7] *D. G. Tskhvirashvili, V. V. Galustashvili*, Atomn. Energ. 16 (1964) 65

[8] *M. A. Styrikovich, O. J. Martynova, K. Ya. Katkovskaya, J. Ya. Dubrovskij, E. J. Mingulina*, Atomn. Energ. 15 (1963) 161

[9] *M. A. Styrikovich, O. J. Martynova, E. S. Belova*, Doklady Akad. nauki 162 (1965) 806

[10] *R. Woernle*, Die Verteilung von Natriumchlorid und Kieselsäure auf Wasser und Dampf im Gleichgewicht bei hohen Drücken. Dissertation, Universität Stuttgart 1968

[11] *E. U. Franck*, Z. phys. Chem. N. F. 8 (1956) 92, 107, 192

[12] *M. Alm*, Untersuchungen zum Verhalten der anorganischen Formen des Radiojods im ersten und zweiten Kreislauf sowie beim Wärmeträgerverlust eines Kernkraftwerkes vom Druckwassertyp. Dissertation, Techn. Universität Dresden 1977

[13] *B. Bartoníček, A. Habersbergerova, J. Schistek*, Radioliticheskie izmeneniya khimicheskikh form ioda v boratnykh rastvorakh. 3. RGW-Symposium „Wasserchemie in Kernkraftwerken" Neubrandenburg, 1976 (*in russ.*)

[14] *B. Bartoníček, A. Habersbergerova, J. Bednar*, Jaderna energie 21 (1975) 176

[15] *M. Alm, K. H. Johannsen, D. Pietzsch*, Isotopenpraxis 13 (1977) 358

[16] *S. Palagyi, M. Zaduban, M. Brutovsky*, Radioanal. Letters 8 (1971) 79, 89

[17] *S. Palagyi, M. Zaduban*, Chem. zvesti 23 (1969) 876

[18] *S. Palagyi, M. Zaduban*, Radiosiotopy 11 (1970) 835

[19] *J. Bognar, S. Sarosi*, Anal. Chim. Acta 29 (1963) 406

[20] *H. Kurcbart, S. Quiroga, R. A. Caro, R. Radicella*, J. Radioanal. Chem. 12 (1972) 547

[21] *J. Dreyer, R. Dreyer*, Z. phys. Chem. 231 (1966) 315 u. 236 (1967) 121

[22] *T. Ch. Margulowa*, Kernkraftwerke. VEB Deutscher Verlag für Grundstoffindustrie, Leipzig 1976

[23] *H. Sajadatz, W. Brune, A. Möller, B. Müller, W. Schreiter, R. Winkler, E. Wendig, K. Ziemke*, Betrieb von Kernkraftwerken. VEB Deutscher Verlag für Grundstoffindustrie, Leipzig 1972

[24] *T. Erdey-Grûz*, Transport Phenomena in Aqueous Solutions. Akadémiai Kiadó, Budapest 1974

[25] *J. O'M. Bockris, P. Saluja*, J. Chem. Phys. 76 (1972) 2140, zit. in [24]

[26] *D. A. Miller, P. E. C. Bryant*, Corrosion and Coolant Chemistry Interaction in Pressurized Water Reactors. Proceedings 26th Conference National Association of Corossion Engineers 1970

[27] *K. H. Neeb, H. Richter, E. R. D. Amaddio, R. E. Mayer*, Verhalten von Spaltjod im Sekundärkreislauf von Druckwasserreaktoren Reaktortagung. Nürnberg 1975, Bd. 3, S. 611

[28] *H. H. Uhlig*, Korrosion und Korrosionsschutz, Akademie-Verlag, Berlin 1975

[29] *G. B. Smit, J. P. Ehrenberg*, Mitt. VGB H. 100 (1966) 41

[30] *M. A. Styrikovich, O. J. Martynova, K. Ya. Katkovskaja J. Ya. Dubrovskij, J. N. Smirnova*, Atomn. Energ. 17 (1964) 45

Zur strahlenchemischen Zersetzung von in Wasser gelöstem und auf Aktivkohle adsorbiertem p-Chlorphenol

F. Wolf, S. Lindau, M. Tonn

(Sächsische Akademie der Wissenschaften zu Leipzig, Arbeitsstelle Halle)[1])

Im Rahmen dieser Arbeit wurde die strahlenchemische Zersetzung von in Wasser gelöstem und auf Aktivkohle adsorbiertem p-Chlorphenol untersucht.

Bei der γ-Bestrahlung einer wäßrigen p-Chlorphenollösung (C_0 = 500 ppm) erfolgt eine Dechlorierung. Parallel dazu verläuft die Bildung einer braunen Substanz, bei der es sich wahrscheinlich um Huminsäure oder ein Huminsäurederivat handelt.

Auf Aktivkohle adsorbiertes p-Chlorphenol wird dagegen im untersuchten Beladungshöhenbereich (zwischen 19 und 45 mg p-Chlorphenol/g wasserfreie Kohle) unter den Bedingungen der strahlenchemisch induzierten Oxydation zu den Mineralisierungsprodukten Chlorid, Wasser und Kohlendioxid abgebaut. Neben der γ-Strahlendosis und der Beladungshöhe des p-Chlorphenols beeinflussen Textur und Oberflächenchemie der verwendeten Aktivkohlen die Zersetzungsraten.

(B14) INIS DESCRIPTORS:

activated carbon; adsorption; anions; aqueous solutions; carbon dioxide; chlorine compounds; cobalt 60; dechlorination; gamma radiation; humic acids; organic chlorine compounds; oxidation; phenols; radiolysis

1. Einleitung

Im Hinblick auf den Einsatz von Strahlenquellen bei der Abwasserreinigung wurden von uns die strahlenchemisch induzierte Oxydation von p-Chlorphenol in wäßriger Phase und im adsorbierten Zustand auf Aktivkohlen untersucht.

Mit dem strahlenchemischen Abbau chlorierter Phenole in wäßriger Phase beschäftigten sich *Gilbert* und *Güsten* [1, 2]. Unter oxydativen Bedingungen und Konzentrationen von 10^{-3} Mol Schadstoff/l führte die γ-Bestrahlung mit einer Dosis von 1 Mrd zu vollständiger Dechlorierung. Dabei wurde das organisch gebundene Chlor vollständig in Chloridionen übergeführt. Als Endprodukte des strahlenchemischen Abbaues entstanden daneben hauptsächlich Oxalsäure und Wasserstoffperooid.

Bregvadze [3] dagegen erhielt beim strahlenschemischen Abbau der Chlorphenole Gallussäure, Salicylsäure und Pyrogallol. Nach der primär verlaufenden Wasserradiolyse erfolgt die strahlenchemisch induzierte Oxydation des p-Chlorphenols nach einem bei *Gilbert* und *Güsten* beschriebenen Mechanismus [1, 2].

2. Experimenteller Teil

Als Strahlenquelle diente eine geschlossene Mehrkammer-Co-60-γ-Bestrahlungsanlage des Typs RCH-γ-20.

Die Aktivität der Strahlenquelle betrug 12500 — 3700 Curie, die Dosisleistung in der zentralen Arbeitskammer 0,68 Mrd/h. Als Bestrahlungsgefäße dienten speziell angefertigte 100-ml-2-Hals-Standkolben aus Thüringer Glas. Während der γ-Bestrahlung wurden die Schadstofflösungen mit einem kontinuierlichen Sauerstoffstrom begast.

Der Abbau des p-Chlorphenols unter Bedingungen der strahlenchemisch induzierten Oxydation wurde mit folgenden Analysenmethoden verfolgt:

a) spektralphotometrisch bei einer Wellenlänge von 294 mm oder gaschromatographisch (3% OV 225 als stationäre Phase auf Chromosorb W; 180 °C; Heliumträgergasstrom).
b) Der Nachweis der Chloridionen erfolgte nach *Mohr* [4].
c) Gebildetes Kohlendioxid wurde durch Einleiten des Abgasstromes aus dem Bestrahlungsreaktor in $Ca(OH)_2$ nachgewiesen.

3. Ergebnisse der strahlenchemischen Zersetzung von wäßrigen p-Chlorphenollösungen

Die strahlenchemische Zersetzung des p-Chlorphenols in wäßriger Phase unter Luftabschluß wurde anhand der Bildung von Chloridionen und der Abnahme des p-Chlorphenolgehaltes verfolgt.

Mit zunehmender Bestrahlungsdosis entsteht eine steigende Menge Chloridionen. Bei der von uns angewendeten maximalen Dosis von 5,0 Mrd betrug der Dechlorierungsgrad des p-Chlorphenols 75% in einem unbegasten System (Tab. 1).

Tab. 1. Chloridionenbildung in einer wäßrigen p-Chlorphenollösung (C_0 = 500 mg/l) bei Einwirkung von γ-Strahlung in Abhängigkeit von der angewendeten Dosis

γ-Bestrahlungsdosis Mrd	Chloridionenbildung %
0,5	23,3
1,0	29,9
1,5	65,6
2,0	69,6
3,0	73,0
5,0	75,4

In Abhängigkeit von der eingestrahlten Dosis trat ein gelblichbrauner kolloidaler Niederschlag auf, der sich aus der flüssigen Phase durch Filtrieren und Zentrifugieren nicht eliminieren ließ. Die chemische Struktur des Niederschlages konnte nicht aufgeklärt werden. Vermutlich ist sein Entstehen u. a. auf Sauerstoffmangel und demzufolge auf unvollständige Oxydation zurückzuführen.

Dagegen wies eine wäßrige p-Chlorphenollösung (C_0 = 500 ppm) nach der γ-Bestrahlung unter kontinuierlicher Zufuhr von molekularem Sauerstoff eine braune Färbung auf. Jedoch bildete sich, im Unterschied zu den Versuchen ohne Begasung, keine kolloidale Trübung aus.

Die erfolgte Chloridionenbildung betrug bei einer angewendeten maximalen Strahlensdosis von 3,0 Mrd 98,4%. Tab. 2 zeigt

[1]) Anschrift: 402 Halle (Saale), Schloßberg 2

Tab. 2. Chloridionenbildung in einer wäßrigen p-Chlorphenollösung (C_0 = 500 mg/l) bei Einwirkung von γ-Strahlung unter Zufuhr von molekularem Sauerstoff in Abhängigkeit von der Dosis

γ-Bestrahlungsdosis Mrd	Chloridionenbildung %
1,0	37,0
1,5	50,3
2,0	85,2
3,0	98,4

die Chloridionenbildung bei wachsender Strahlendosis und unter ständiger Sauerstoffzufuhr.

Im Abgasstrom aus dem Bestrahlungsreaktor konnte qualitativ CO_2 nachgewiesen werden.

Die im Ergebnis der strahlenchemischen Oxydation gebildete gefärbte Substanz besaß stark reduzierende Eigenschaften. Spezifische kolorimetrische Nachweisreaktionen und dünnschichtchromatographische Untersuchungen ließen keine chinoide Struktur erkennen.

Jedoch zeigen die Absorptionsspektren (Abb. 1 und 2) der bestrahlten p-Chlorphenollösungen und einer zum Vergleich eingesetzten Huminsäurelösung der Konzentration 25 mg/l einen analogen Verlauf. Es ist bekannt, daß bei der UV-Bestrahlung einer wäßrigen 1,4-Benzochinonlösung Huminsäure entstehen kann (5).

Zusammenfassend kann festgestellt werden, daß bei der γ-Bestrahlung wäßriger p-Chorphenollösungen unter Zufuhr von molekularem Sauerstoff eine strahlenchemisch induzierte Oxydation zu Chloridionen und einer braungefärbten Substanz auftritt, bei der es sich eventuell um Huminsäure handelt. Die Sauerstoffzufuhr während der Bestrahlung des Chlorphenols in wäßriger Phase bewirkt eine Erhöhung des Dechlorierungsgrades (bei einer Strahlendosis von 3,0 Mrd):

ohne O_2-Zufuhr = 73%
unter O_2-Zufuhr = 98%.

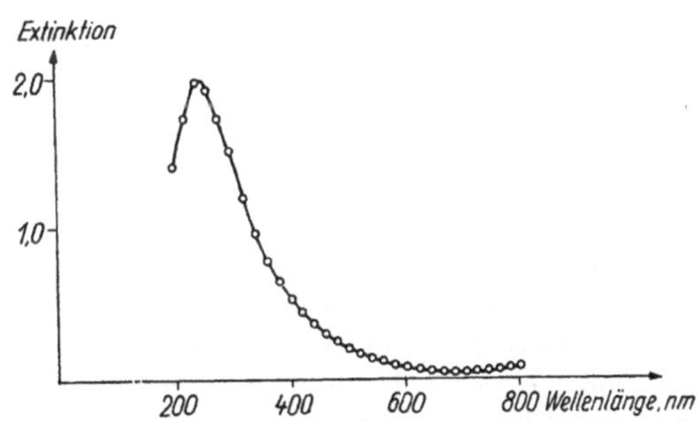

Abb. 1. Absorptionsspektrum einer bestrahlten wäßrigen p-Chlorphenollösung nach einer Dosis von 0,5 Mrd mit Begasung (C_0 = 500 mg pro l)

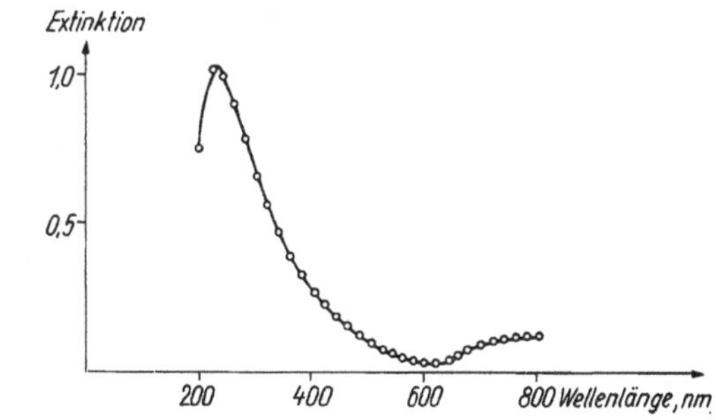

Abb. 2. Absorptionsspektrum der Huminsäurelösung (C_0 = 25 mg/l)

4. Ergebnisse der strahlenchemischen Zersetzung von auf Aktivkohle adsorbiertem p-Chlorphenol

Neben der Anreicherung eines Adsorptivs werden durch einen Adsorptionsvorgang auf einem Träger die Bindungskräfte innerhalb des Adsorbates verändert. Letzteres sollte u. a. auch eine strahlenchemische Zersetzung fördern. Nach dem Adsorptionsvorgang kann der Hauptteil der Strahlung für die Zersetzung des auf dem Träger angereicherten Schadstoffes genutzt werden.

Für die Untersuchung des strahlenchemischen Zersetzungseffektes von p-Chlorphenol auf dem Träger Aktivkohle wurden von uns folgende handelsübliche Aktivkohletypen ausgewählt:

A-Kohle R 23 } Hersteller-Chemiefaserwerk
A-Kohle B 23 } Premnitz (TGL 14323 und 14324)
Norithkohle SX Hersteller: Alg. Norit, Amsterdam

Diese drei Kohletypen unterscheiden sich hinsichtlich ihrer Texturdaten und physikalischen Eigenschaften, wobei die beiden Premnitzer Kohlen annähernd gleiches Verhalten aufweisen. Tab. 3 und 4 zeigen die wichtigsten Charakteristika der eingesetzten Aktivkohlen.

Vor dem Einsatz der Premnitzer Aktivkohlen erfolgte eine Behandlung mit bidestilliertem Wasser bis zur Chloridfreiheit.

Der Einfluß der p-Chlorphenol-Beladungshöhe der Aktivkohlen auf die Zersetzungsrate wurde anhand unterschiedlich beladener Aktivkohleproben untersucht.

Die entsprechenden p-Chlorphenol-Beladungshöhen (in mg p-Chlorphenol/g wasserfreie Kohle) der Aktivkohlen zeigt Tab. 5.

Zur Bestrahlung wurden jeweils 5 g (bezogen auf Masse wasserfreie Kohle) so beladener Aktivkohle, suspendiert in 50 ml bidestilliertem CO_2-freiem Wasser, eingesetzt.

Tab. 3. Texturdaten der verwendeten Aktivkohlen

Aktivkohletyp	BET-Oberfläche m²/g	spezifisches Porenvolumen cm³/g	mittlerer Porenradius Å	Sättigungskonzentration bei monomolekularer Bedeckung mg p-Chlorphenol / g wasserfreie A-Kohle
R 23	749,8	0,373	9,9	136
B 23	904,9	0,503	11,1	112
Norit SX	1633,5	1,016	12,4	550

Tab. 4. Chemische Kenndaten der verwendeten Aktivkohlen

Aktivkohle-typ	saure/basische Oberflächengruppen mval/g		Wasser-gehalt %	*p*H-Wert	Asche-gehalt %
R 23	0,43	0,46	1,46	5,0	9,7
B 23	0,35	0,42	2,26	5,6	9,2
Norit SX	0,47	0,41	2,81	6,1	1,4

(Die sauren und basischen Oberflächengruppen wurden nach einer Methode von *Brinkmann* [6] bestimmt.)

Tab. 5. p-Chlorphenol-Adsorptionskapazität der eingesetzten Aktivkohlen (Korngröße der Granulate: 1—2,5 mm; Korngröße des Pulvers: unter 0,4 mm)

Aktivkohletyp	adsorbierte Menge, mg p-Chlorphenol / g wasserfreie Aktivkohle
R 23 Granulat	45,0
Pulver	42,6
B 23 Granulat	32,7
Pulver	39,0
Noritkohle SX	
Granulat	19,2
Pulver	23,0

Nach der γ-Bestrahlung der mit p-Chlorphenol beladenen Aktivkohlen mit Strahlendosen zwischen 0,5—2,0 Mrd und unter kontinuierlicher Zufuhr eines Sauerstoffstromes, wies das p-Chlorphenol in Abhängigkeit von der eingesetzten A-Kohlesorte, unterschiedliche prozentuale Zersetzungsraten (Tab. 6) auf. Das nicht zersetzte p-Chlorphenol wurde mit absolutem Äthanol von der Aktivkohle eluiert und anschließend analysiert. Der Regeneriereffekt des Äthanols zur Beseitigung des auf der Kohle befindlichen p-Chlorphenols betrug zwischen 94—97%, bezogen auf die p-Chlorphenolmenge.

Aus Tab. 6 ergibt sich, daß die Zersetzungsrate (in %) des p-Chlorphenols im untersuchten Beladungshöhenbereich von der Beladung der Aktivkohle in der Weise abhängig ist, daß diejenige A-Kohle mit der größten Beladungshöhe auch den höchsten Zersetzungseffekt aufweist.

Der Anteil der nachgewiesenen Chloridionen liegt im Durchschnitt bei der Aktivkohle

R 23 bei 18,3%
B 23 bei 16,7% und
Norit SX bei 2,1%.

Im Abgasstrom des Reaktors befand sich CO_2. Neben Chloridionen und nicht umgesetztem p-Chlorphenol konnten keine weiteren Oxydationsprodukte nachgewiesen werden. Die Korngröße der als Träger eingesetzten Aktivkohle übte auf die Abbaurate des p-Chlorphenols keinen wesentlichen Einfluß aus.

Orientierende Versuche ergaben, daß Aktivkohlen mit einem überwiegenden Anteil saurer Oberflächengruppen (wie Norit SX) die strahlenchemisch induzierte Oxydation des auf der Aktivkohle adsorbierten p-Chlorpehnols negativ beeinflussen können. Möglicherweise übt die Aktivkohle auf die Zersetzung des p-Chlorphenols einen katalytischen Einfluß aus. Auch Textureinflüsse der Kohlen sind nicht auszuschließen.

Aus Tab. 6 geht hervor, daß auf den Kohlen R 23 und B 23 (mit einem überwiegenden Anteil basischer Oberflächengruppen) höhere p-Chlorphenolabbauraten als auf der Noritkohle SX erzielt werden konnten (R 23 = 73%; B 23 = 59%; Norit SX = 3% für Granulat bei einer Strahlendosis von 2,0 Mrd.)

Im Falle der von uns untersuchten Aktivkohlen erfolgt auf der Premnitzer Aktivkohle R 23 der mengenmäßig stärkste Abbau des p-Chlorphenols. Nach erfolgter strahlenchemischer Oxydation des p-Chlorphenols und anschließender Elution der Zersetzungsprodukte von den Premnitzer Kohlen mit Äthanol konnte die Kohle erneut ohne Kapazitätsverlust beladen werden. Eine kontinuierliche Kreislaufführung des Gesamtprozesses liegt daher nahe.

Nach etwa 4 Wochen Aufbewahrung der bestrahlten Aktivkohlen war keine Nachdiffusion der Zersetzungsprodukte aus dem Porensystem der Aktivkohle feststellbar, wie durch Elution mit bidestilliertem Wasser festgestellt werden konnte.

Da die Premnitzer Kohlen neben sauren auch basische Oberflächengruppen besitzen, ist es möglich, daß nach Ergebnissen von *Voll* und *Boehm* [7] bestimmte Ionen (z. B. die bei der strahlenchemischen Oxydation des p-Chlorphenols gebildeten Chloridionen) an der Kohleoberfläche durch pyronartig strukturierte Gruppen reversibel gebunden werden können. So besteht die Möglichkeit, daß ein Teil der bei der Zersetzung des p-Chlorphenols gebildeten Chloridionen reversibel auf der Kohleoberfläche gebunden wird und so durch andere Ionen (z. B. Sulfat) austauschbar ist. Eigene Untersuchungen mit einer 0,1 N Na_2SO_4-Lösung bestätigten dies. Durch diesen Ionenaustausch konnten etwa 6% der theoretisch bei der γ-Bestrahlung aus der p-Chlorphenollösung entstandenen Chloridmenge nach-

Tab. 6. Prozentuale Zersetzungsraten des p-Chlorphenols auf Aktivkohle durch strahlenchemisch induzierte Oxydation

Aktivkohle-typ	R 23 Granulat	R 23 Pulver	B 23 Granulat	B 23 Pulver	Norit SX Granulat	Norit SX Pulver
γ-Strahlen-dosis Mrd	Zersetzungsrate des p-Chlorphenols, %					
0,5	69,5	69,4	—	53,0	—	2,0
1,0	70,4	72,4	52,5	53,8	1,8	2,5
1,5	72,2	73,9	57,7	54,3	2,4	—
2,0	73,1	74,9	59,5	54,5	3,4	2,8

gewiesen werden. Es wird daher vermutet, daß der restliche, noch fehlende Chloridanteil entweder irreversibel auf der Kohle gebunden ist, wofür die restlichen basischen Oberflächengruppen der Aktivkohle verantwortlich wären, oder daß durch den katalytischen Einfluß des Trägers Aktivkohle eine Oxydation des durch die strahlenchemische Zersetzung des p-Chlorphenols gebildeten Chlorids zu Chlor erfolgte, das mit dem Abgasstrom abgeleitet wurde. Dazu sind weitere Untersuchungen vorgesehen.

5. Schlußfolgerungen

Auf der Oberfläche des Trägers Aktivkohle kommt es bei Anwesenheit von Wasser und Sauerstoff unter Einfluß ionisierender Strahlung zur strahlenchemischen Oxydation von p-Chlorphenol, die, im Gegensatz zur Bestrahlung rein wäßriger Schadstofflösungen, zu den Endprodukten Chloridion und CO_2 führt. Nicht abgebautes p-Chlorpehnol konnte mit absolutem Äthanol von der beladenen Aktivkohle eluiert werden.

Die Begasung der Lösung mit reinem oder stark angereichertem Sauerstoff weist gegenüber der Begasung mit Luft den Vorteil auf, daß bei hohen Strahlendosen, wo der Sauerstoffeintrag in das Wasser den geschwindigkeitsbestimmenden Schritt für die strahlenchemische Oxydation darstellt, alle primär und sekundär gebildeten Radikale derWasserradiolyse genügend Sauerstoff für die weitere Oxydation vorfinden. Damit erhöht sich die Effektivität des strahlenchemischen Abbaues wesentlich.

Auf der Noritkohle war nur ein Schadstoffabbau zwischen 1,8 und 3,4% nachweisbar. Hier könnte der überwiegende Anteil saurer Oberflächengruppen einen inhibierenden Einfluß auf die strahlenchemisch induzierte Oxydation des p-Chlorphenols ausüben. Der mengenmäßig stärkste Abbau des p-Chlorphenols erfolgte auf der Premnitzer Aktivkohle R 23 mit einem überwiegenden Anteil basischer Oberflächengruppen (siehe Tab. 4). Bei den Premnitzer Aktivkohlen Typ R 23 und Typ B 23 bestehen große Differenzen in der Abbaurate des p-Chlorphenols und dem prozentualen Anteil der Chloridionenbildung.

Bei einem strahlenchemisch induzierten Abbau des p-Chlorphenols müßten Chloridionen abgespalten werden und nachweisbar sein. Auf die möglichen Ursachen dieses Sachverhaltes wurde im vorigen Kapitel verwiesen.

Der Vorteil des Einsatzes einer geeigneten Aktivkohle (oder eines anderen Trägers) als Adsorbens und Träger für p-Chlorphenol bei gleichzeitiger γ-Bestrahlung in Gegenwart von Sauerstoff liegt darin, daß im Gegensatz zur γ-Bestrahlung von rein wäßrigen p-Chlorphenollösungen der Abbau vollständig zu den Mineralisierungsprodukten Kohlendioxid, Chloridionen und Wasser erfolgt.

Im Falle rein wäßriger p-Chlorphenollösungen wird nur eine Dechlorierung und die Bildung einer unbekannten braun gefärbten Substanz (vermutlich Huminsäure) beobachtet.

Da in nächster Zeit durch die zunehmende Zahl von Kernkraftwerken mit einem erhöhten Anfall von radioaktiver Abfallstrahlung zu rechnen ist, bietet sich deren Einsatz als Energiequelle zur strahlenchemisch induzierten Oxydation von Schadstoffen, wie z. B. chlorierter Phenole, in wäßrigen Lösungen an.

Die strahlenchemische Oxydation von auf Trägern adsorbierten Substanzen stellt eine Möglichkeit für die Abwasserreinigung dar, wobei toxische Verbindungen in untoxische Mineralisierungsprodukte umgewandelt werden.

Eingegangen am 20. 6. 1978

Literatur

[1] *E. Gilbert, H. Güsten*, „Vom Wasser" **41** (1973) 359
[2] *E. Gilbert, H. Güsten*, Chem.-Ztg. **101** (1977) 279
[3] *V. D. Bregvadze*, Nauck.-Tekh. Konf. 1968 (Pub. 1971) 178
[4] *G. Jander, E. Blasius*, „Einführung in das Anorganisch-Chemische Praktikum", S. Hirzel-Verlag Leipzig 1970, 340
[5] *H. Thielemann*, Acta hydrochim. hydrobiol. **5** (1977) 397
[6] *G. Brinkmann*, Angew. Chem. **61** (1949) 378
[7] *M. Voll, H. P. Boehm*, Carbon 8 (1970) 227

Radiochemical Study of the Sorption of Iodide and Iodate on Aluminium(III) Hydroxide Precipitate

S. Musić, J. Šipalo-Žuljević, R. H. H. Wolf

(„Rudjer Bošković" Institute, Zagreb)[1]

The radioactive indicator method has been applied to the investigation of the sorption of iodide and iodate on aluminium(III) hydroxide precipitate. $Na^{131}I$ and $Na^{131}IO_3$ were used as radioactive indicators. The sorption/desorption equilibria at the $Al(OH)_3$-electrolyte solution interface was studied as a function of pH, concentration of sorbate, ionic strength, time of ageing of sorbent and time of sorption. The results are discussed with regard to the surface properties of aluminium(III) hydroxide precipitate and mechanisms of sorption.

(B12) INIS DESCRIPTORS:

ageing; aluminium hydroxides; chemisorption; iodates; iodine 131; labelled compounds; pH value; sodium compounds; sodium iodides; surfaces properties; time dependence; tracer techniques

Introduction

Oxides and hydroxides of aluminium(III) are found widespread in nature, e.g., in soil and natural waters [1]. They are also important in chemistry, industry and engineering. Their role is often connected with their ability of adsorbing ionic and nonionic species and with their colloid-chemical properties.

Anion sorption on aluminium(III) oxide has for many years been of interest to soil scientists concerned with nutrient retention in soil systems. The Al_2O_3-liquid interface plays an important role in regulating the composition of soil-water, sediment-water and other natural water systems. Engineers have been concerned with anion sorption as a mechanism for removing anions with the aid of hydrous metal oxides in water treatment processes.

[1]) Address: Bijenička c. 54, 41000 Zagreb, Croatia, Yugoslavia

In this paper the results of investigating the sorption of iodide and iodate on aluminium(III) hydroxide precipitate will be described.

Experimental

All chemicals used in the present work were analytical reagent grade. The water used was distilled twice. The concentrations of $AlCl_3$, NaI and $NaIO_3$ solutions were determined by standard analytical methods.

Radioiodine („Boris Kidrič" Institute, Belgrade, Yugoslavia) was applied as a solution of carrier-free $^{131}I^-$ in the NaI form. The radioactive $NaIO_3$-$Na^{131}IO_3$ salt was prepared by oxidation of a I_2-^{131}I suspension with $NaClO_3$. Details will be published elsewhere [2]. Radioiodate with a carrier (10^{-2}—10^{-4} mol dm^{-3}) can be also prepared by oxidation of radioiodide with MnO_4^-, aqueous bromine or chlorine, $KClO_3$ or NaClO ([3] and references cited there). Carrier-free radioiodate is usually prepared from radioiodide, using similar oxidants, e.g., Ce^{4+}, Cr^{6+}, MnO_4^-, $Cl_2(HNO_3)$, ClO_2 and ClO^- in acid media ([3] and references cited there).

Aluminium(III) hydroxide was precipitated with NaOH solution of appropriate concentration. The precipitations of the systems were performed in the presence of sorbate (I.F.P. ("internally formed precipitate") procedure [4]) or by the addition of sorbate to preformed precipitate (E.F.P. ("externally formed precipitate") procedure [4]) aged for a given time (t_{ageing}). The sorption characterization was based on the changes in the radioactivity of the separated liquid electrolyte phase as compared with the radioactivity of a homogeneously distributed suspension of the sample. After the sorbate and the sorbent were in contact for a given time (t_{sorp}) the sample (homogeneously distributed suspension) was centrifuged. An aliquot volume (usually 1 cm³) of the homogeneously distributed suspension was taken and counting rate A_1 determined. The same aliquot volume of carefully separated clear centrifugate was counted and counting rate A_2 obtained. The sorption percentage was calculated according to the expression:

$$\frac{A_1 - A_2}{A_1} \cdot 100\%$$

The counting rates were measured with a NaI(Tl) well-type crystal in connection with an EKCO-Electronics (England) preset time scaler. The pH measurements were performed with a PHM-26 instrument, glass electrode and calomel electrode (Radiometer, Denmark). The experiments were performed at room temperature (near 20 °C). Other experimental details were described in previous papers [5, 6].

Results

Fig. 1, 2 and 3 show the sorption of iodide and iodate on aluminium(III) hydroxide precipitate as a function of pH. The sorption of iodide and iodate on aluminium(III) hydroxide precipitate decreases with increasing pH (Fig. 1, 2 and 3) and concentration of sorbate (Fig. 1 and 2). Fig. 3 shows the sorption of iodate on aluminium(III) hydroxide precipitate in the presence of various concentrations of NaCl. The results demonstrate that a relatively high concentration of NaCl decreases the sorption percentage of iodate and that the effect is enhanced by increasing the concentration of NaCl. Fig. 4, 5, 6 and 7 show the sorption of iodate on aluminium(III) hydroxide precipitate as a function

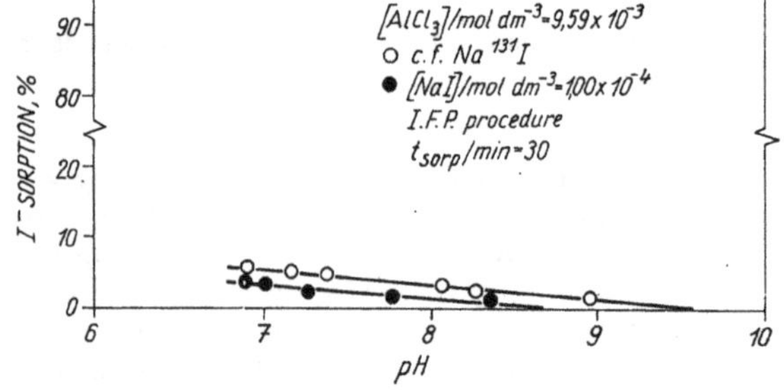

Fig. 1. The sorption percentage of iodide on aluminium(III) hydroxide precipitate vs. pH value

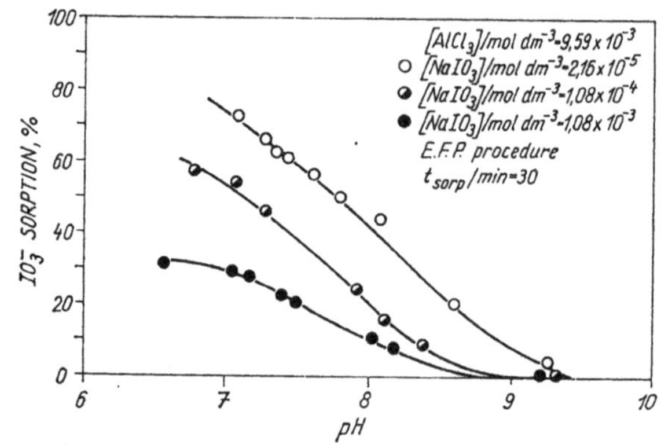

Fig. 2. The sorption percentage of iodate on aluminium(III) hydroxide precipitate vs. pH value

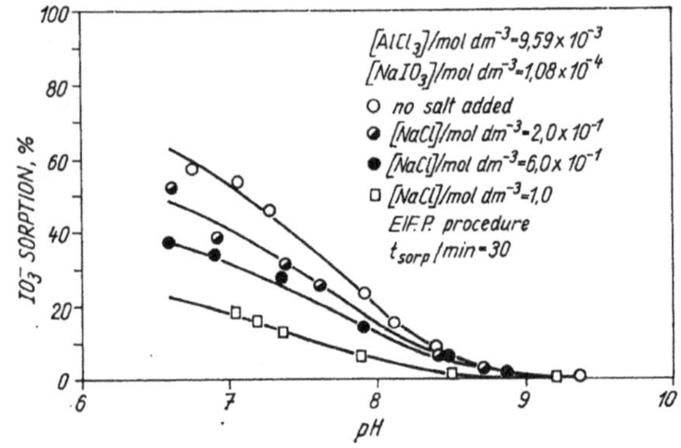

Fig. 3. The influence of NaCl concentration on the sorption percentage of iodate on aluminium(III) hydroxide precipitate

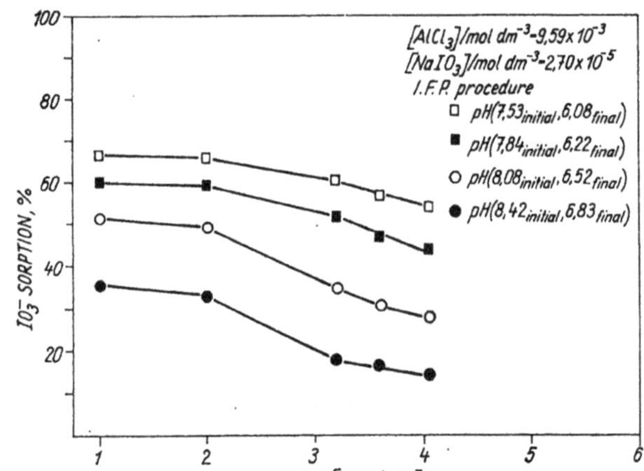

Fig. 4. The sorption percentage of iodate on aluminium(III) hydroxide precipitate (I. F. P. procedure) vs. log(t_{sorp}/min) at the pH interval measured

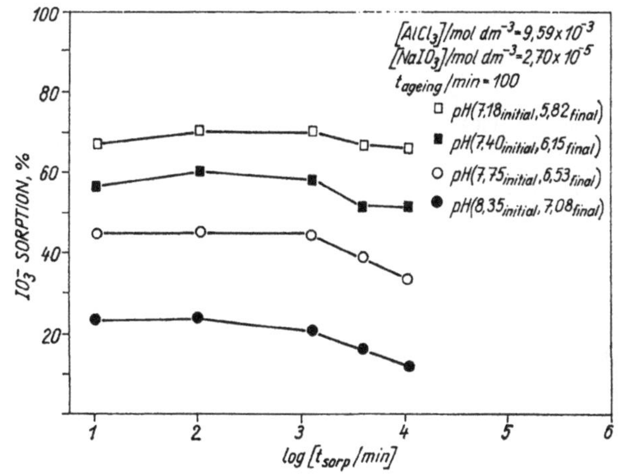

Fig. 5. The sorption percentage of iodate on aluminium(III) hydroxide precipitate ($t_{ageing} = 100$ min) vs. log(t_{sorp}/min) at the pH interval measured

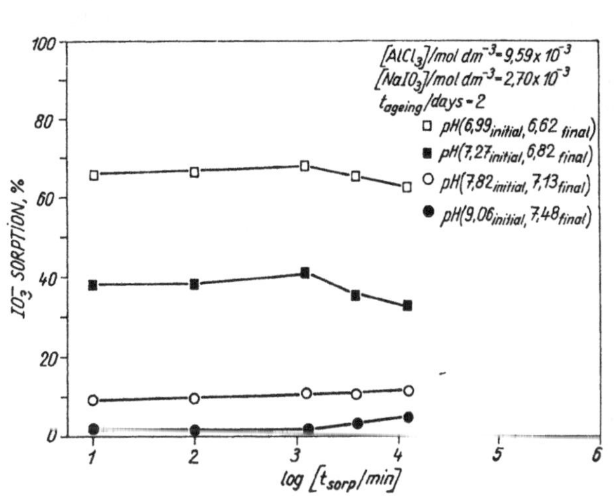

Fig. 6. The sorption percentage of iodate on aluminium(III) hydroxide precipitate ($t_{ageing} = 2$ days) vs. log(t_{sorp}/min) at the pH interval measured

Bitte beachten: Statt $2{,}70 \times 10^{-3}$ (oben rechts) lies $2{,}70 \times 10^{-5}$

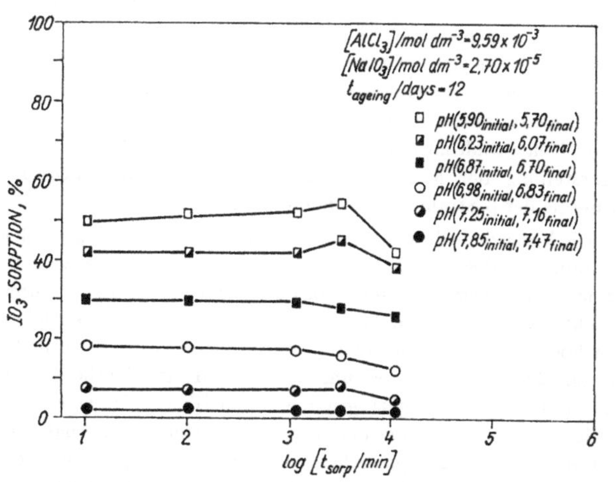

Fig. 7. The sorption percentage of iodate on aluminium(III) hydroxide precipitate ($t_{ageing} = 12$ days) vs. log(t_{sorp}/min) at the pH interval measured

tion of time of ageing (t_{ageing}) of the precipitate and time of sorption (t_{sorp}) at pH intervals measured. The results indicate that sorption depends on t_{ageing} and t_{sorp}.

Discussion

Both anion and cation sorption depend on pH. *Hingston* et al. [7] showed that the sorption of several weak acid anions on different oxide surfaces decreased as the pH was increased. *Chen* et al. [8], working with phosphate sorption on α-Al_2O_3 and kaolinite, observed a sorption decrease as the pH increased. A similar dependence has been found by *Anderson* et al. [9] for sorption of arsenate on amorphous aluminium(III) hydroxide. For cation sorption on some metal hydroxides an opposite effect is shown. The sorption of Zn^{2+}, Co^{2+} and La^{3+} decreases as the pH is lowered [5—6].

The sorption of iodide and iodate on aluminium(III) hydroxide precipitate is pH-dependent as shown in Fig. 1, 2 and 3. The results shown in Fig. 1, 2 and 3 indicate the dependence of sorption on the surface charge of the aluminium(III) hydroxide sorbent. Amorphous aluminium(III) hydroxide precipitate has the isoelectric point of solid (IEP(s)) in the pH range 9·0 to 9·2, i.e. below pH 9·0 the surface is positively charged, whereas it is negative above pH 9·2 [10—11]. The results shown in Fig. 1 and 2 indicate a marked difference between the sorption percentages of iodide and iodate at the same pH value. The sorption percentage of iodate decreases with increasing concentration of NaCl. This is a consequence both of iodate desorption with NaCl and of increasing aluminium(III) hydroxide solubility (Fig. 3). In the current discussion it can be assumed that iodide ions are physically adsorbed, i.e. attracted by the positive aluminium(III) hydroxide surface through electrostatic forces. It can be also assumed that iodate ions are chemically adsorbed, i.e. they exchange with surface hydroxyl groups and thus are bound in the first coordination shell of aluminium(III)ions. This reaction is sometimes referred to as anion penetration [12] or specific adsorption [13].

Generally, the sorption/desorption equilibria at "metal hydroxide — electrolyte solution" interface depends on parameters, such as pH, concentrations of sorbate and sorbent, time of ageing of the precipitate, time of sorption or temperature. In this work an attempt has been made to find out the influence of time of ageing of aluminium(III) hydroxide precipitate and time of sorption on the sorption percentage of iodate. The results shown in Figs. 4, 5, 6 and 7 indicate that the course of iodate sorption depends on the time of ageing of aluminium(III) hydroxide precipitate and time of sorption. Generally, the sorption of iodate decreases with increasing t_{ageing} at the same pH interval. The maximum sorption percentage of iodate in the particular system is obtained for $t_{sorp} = 10$ minutes. The results shown in Fig. 4 indicate a significant decrease of the sorption percentage of iodate for $t_{sorp} > 10$ minutes. The desorption of iodate with increasing t_{sorp} is less and less pronounced as the time of ageing of aluminium(III) hydroxide precipitate is more and more increased (Fig. 5, 6 and 7). The specific surface of aluminium(III) hydroxide decreases with increasing t_{ageing}, due to structural and surface changes of the precipitate [14—15], and this fact should explain the results presented in Fig. 4, 5, 6 and 7.

Received May 16, 1978

References

[1] *K. Wefers, G. M. Bell,* Oxides and Hydroxides of Aluminium, Technical Paper No. 19, East St. Louis, Ill. 1972: Alcoa Research Laboratories

[2] *J. Šipalo-Žuljević, R. H. H. Wolf,* Croat. Chem. Acta, to be published

[3] *Š. Palagyi, M. Zaduban, M. Brutovsky,* Radiochem. Radioanal. Letters **8** (1971) 79

[4] *C. D. Coryell, N. Sugarman,* Radiochemical Studies, The Fission Products, Book 1, Parts I, II, III, IV, Papers 12, 13 and 14, New York: McGraw-Hill

[5] *J. Šipalo-Žuljević, R. H. H. Wolf,* Mikrochimica Acta (Wien) **1973,** 315

[6] *S. Musić, J. Šipalo-Žuljević, M. Vlatković*, Isotopenpraxis **13** (1977) 243
[7] *F. J. Hingston, A. M. Posner, J. P. Quirk*, J. Soil Sci. **23** (1972) 177
[8] *Y. S. R. Chen, W. Stumm, J. N. Butler*, J. Colloid Interface Sci. **43** (1973) 421
[9] *M. A. Anderson, J. F. Ferguson, J. Gravis*, J. Colloid Interface Sci. **54** (1976) 391
[10] *N. Deželić, H. Bilinski, R. H. H. Wolf*, J. Inorg. Nucl. Chem. **33** (1971) 791
[11] *G. A. Parks*, Chem. Rev. **65** (1965) 177
[12] *J. J. Jurinak*, Soil Sci. Soc. Amer. Proc. **30** (1966) 559
[13] *F. J. Hingston, R. J. Atkinson, A. M. Posner, J. P. Quirk*, Nature **215** (1967) 1459
[14] *I. Tar*, Ann. Univ. Sci. Budapest. Rolando Eötvös Nom., Sect. Chim. **11** (1969) 143
[15] *A. J. Rubin, P. L. Hayden*, Studies on the Hydrolysis and Precipitation of Aluminium(III), Report No. 364 X, Columbus 1973: Ohio State University

Untersuchungen zum Verhalten des Schwefelträgers Saccharin bei der Herstellung S-depolarisierten Nickels

M. Knothe

(VEB Mansfeld Kombinat „Wilhelm Pieck" Forschungsinstitut für NE-Metalle)[1])

Zur Herstellung bestimmter, einen Mindestgehalt an Schwefel aufweisender Nickelqualitäten wird Nickel elektrolytisch in Gegenwart des Schwefelträgers Saccharin abgeschieden. Das Verhalten dieses Zusatzes während der Elektrolyse wurde mit Hilfe radioaktiv markierten Saccharins untersucht. Die entstehenden Abbauprodukte wurden durch Extraktion und Papierchromatographie getrennt, identifiziert und radiometrisch quantitativ bestimmt. Die Ergebnisse geben Aufschluß über den Abbau des Saccharins während der Elektrolyse und über die Gründe des geringen Überganges des Schwefels vom Saccharin in die abgeschiedene Nickelschicht.

(D24) INIS DESCRIPTORS:

chemical reaction kinetics; decomposition; electrodeposition; labelled compounds; nickel; saccharin; sulfur 35; sulfur addition; tracer techniques

1. Problemstellung

Im VEB Nickelhütte Aue wird sogenanntes depolarisiertes Nickel mit einem S-Gehalt $\geqq 0{,}035\%$ für galvanische Zwecke nach einem patentierten elektrolytischen Verfahren erzeugt [1]. Als Schwefelträger wird hierbei Saccharin dem schwefelsauren Nickelelektrolyten zugesetzt. Die Betriebspraxis zeigte, daß die Elektrolyse mit einem großen Saccharinüberschuß betrieben werden muß. Über die Umsetzung des Saccharins während der Elektrolyse liegen nur wenige Kenntnisse vor, die sich auf Literaturangaben über das Verhalten des Glanzbildners Saccharin bei der galvanischen Vernickelung stützen [2–7].

Danach erfährt das Scacharin im wesentlichen die folgenden Umwandlungen:

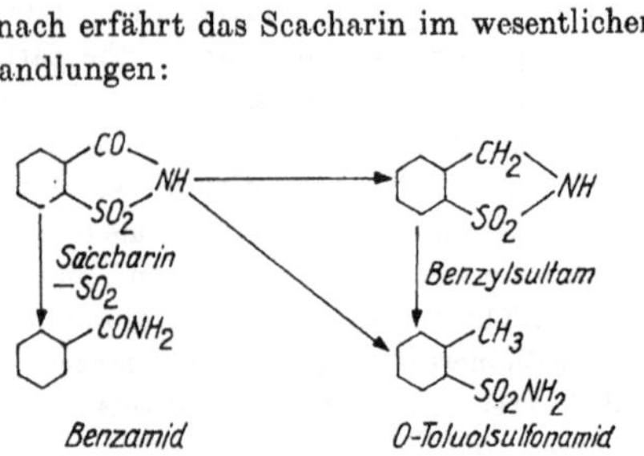

während die eigentliche Hydrolyse gemäß

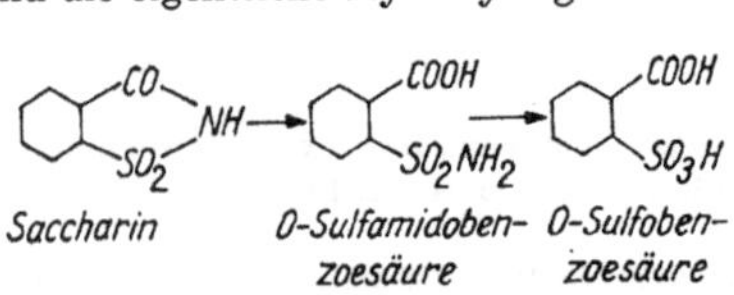

keine Rolle spielen soll. Es ist noch ungeklärt, über welche Zwischenstufen der Einbau des Schwefels in die wachsende Nickelschicht verläuft.

[1]) Anschrift: 92 Freiberg, Lessingstr. 41

Die galvanischen Verfahren und die erwähnte Gewinnungselektrolyse unterscheiden sich jedoch in wesentlichen Verfahrensparametern, so daß es von Interesse war, Art und Umfang des Saccharinabbaues während der Gewinnungselektrolyse zu bestimmen. Hierzu wurden Versuche in einer Laborapparatur unter Einsatz radioaktiv markierten (^{35}S haltigen) Saccharins durchgeführt.

2. Versuchsdurchführung

Das radioaktive Saccharin wurde gemäß [9] durch Umsetzen von diazotiertem Anthranilsäuremethylester mit ^{35}S-markiertem SO_2 und nachfolgendem Ringschluß zum Saccharin synthetisiert. Die Reinheitskontrolle erfolgte durch Festpunktbestimmung sowie papierchromatographisch [10]. Die Messung der β-Aktivität des ^{35}S-Nuklides erfolgte in einem Antikonzidenzgroßflächenzählrohr (Eigenentwicklung des FNE Freiberg). Die Herstellung der Meßproben erforderte infolge der niedrigen Energie der β-Strahlung besondere Sorgfalt.

Die Versuchsbedingungen entsprachen soweit wie möglich den Parametern des technischen Verfahrens [1]. Als Elektrolysezelle diente ein beheizbares Gefäß, das ca. 450 ml des schwefelsauren Elektrolyten (50 g/l Ni, 2 g/l Saccharin) faßte, in den die Nickelkathode sowie zwei Bleianoden eintauchten (Abstand Kathode-Anode 2,5 cm, keine Trennung des Anoden- und Kathodenraumes). Der Elektrolyt gelangte über einen Überlauf in eine ebenfalls beheizbare Vorlage und von dort mittels einer Analysenpumpe in die Elektrolysezelle zurück. In der Vorlage erfolgte die laufende Einstellung des gewünschten pH-Wertes (gewählte pH-Bereiche: 1,8–2,5 bzw. 3,5–4,5) durch Zutropfen einer Suspension von basischem Nickelkarbonat.

Elektrolysebedingungen: Temperatur 60 °C, Stromstärke 1,7 A, kathodische Stromdichte 200 A/cm²; fünffacher Badwechsel pro Stunde, Versuchsdauer 120 h (das entsprach einer Badbelastung von 460 Ah pro Liter Elektrolyt). Die Zugabe von Saccharin er-

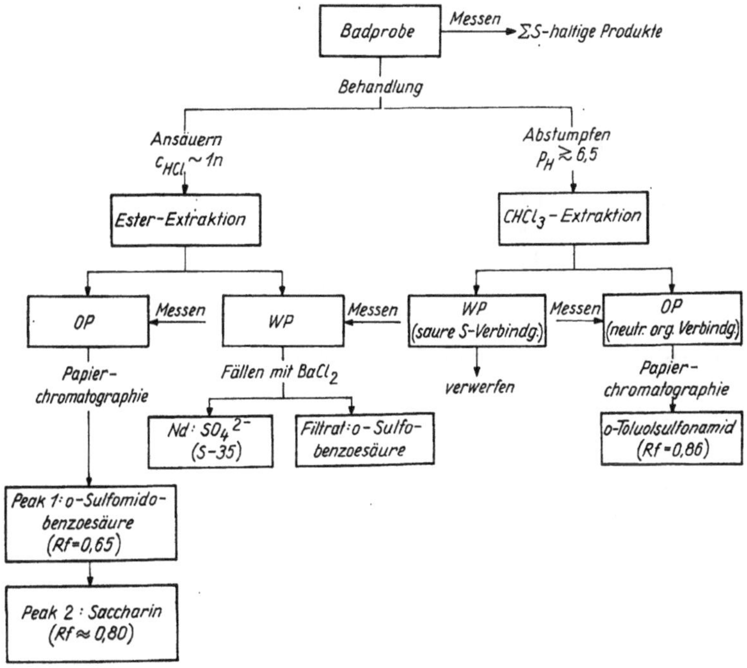

Abb. 1. Verfahrensschema zur Trennung schwefelhaltiger Saccharinabbauprodukte

folgte in Abständen von 10 h, die Probennahme alle 20 h. Nach Versuchsende wurden die Menge des abgeschiedenen Nickels und dessen Schwefelgehalt (photometrisch nach vorheriger Überführung in SO_2) bestimmt. Die schwefelhaltigen Badprodukte wurden gemäß dem folgenden, auf Literaturangaben [2—7, 10, 11] aufbauenden Schema (Abb. 1) getrennt, identifiziert und durch Messen der ^{35}S-Strahlung quantitativ bestimmt.

Nachweis von Saccharin und O-Sulfamidobenzoesäure: Nach extraktiver Abtrennung von den anwesenden stark sauren Verbindungen papierchromatographische Auftrennung des Esterextraktes (absteigende Arbeitsweise, Laufmittel Propanol/2,5 M NH_3); die durch Ausmessen der Radioaktivität lokalisierten Peaks wurden in üblicher Weise durch Vergleich der ermittelten R_f-Werte mit denen reiner Vergleichssubstanzen identifiziert [11]. (Daneben wurde der Saccharingehalt auch acidimetrisch bestimmt [8]).

Sulfat, O-Sulfobenzoesäure: Nach Abtrennung der extrahierbaren Verbindungen erfolgte der Nachweis des Sulfats in der wäßrigen Phase durch Fällen mit $BaCl_2$; der nicht fällbare Aktivitätsanteil im Filtrat wurde einer Sulfosäure, d. h. in diesem Falle der O-Sulfobenzoesäure, zugeordnet.

O-Toluolsulfonamid: Selektive Abtrennung von den sauren Verbindungen durch Extraktion bei pH $\geqq$ 6,5 mit nachfolgender papierchromatographischer Identifizierung (Arbeitsweise siehe oben).

3. Versuchsergebnisse

Abb. 2 zeigt den Konzentrationsverlauf der nachgewiesenen schwefelhaltigen Abbauprodukte im Verlaufe der Elektrolyse; die Verteilung des eingesetzten Scacharinschwefels auf die verschiedenen Endprodukte geht aus den Tab. 1 und 2 hervor.

Zusatzversuche ergaben, daß in einem stromlosen Elektrolyten (pH 2,0 bzw. 4,1, T = 60 °C) während einer Betriebszeit von 60 h mit der beschriebenen Versuchstechnik kein signifikanter Abbau des Saccharins festzustellen war.

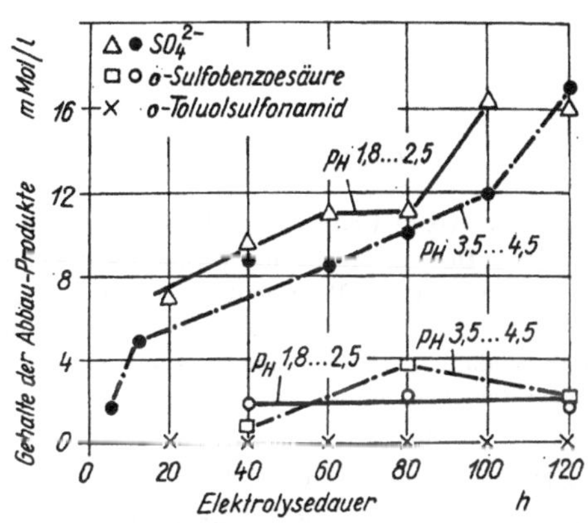

Abb. 2. Konzentrationsverlauf schwefelhaltiger Abbauprodukte während der Elektrolyse

Während demnach das Saccharin im stromlosen Elektrolyten weitgehend stabil war, setzte bei der Nickelelektrolyse ein rascher Abbau zu folgenden, nach fallenden Gehalten geordneten Verbindungen ein:

$$\text{Sulfat} > \text{O-Sulfobenzoesäure} \gg \text{O-Toluolsulfonamid} \gtrsim$$
$$\gtrsim \text{O-Sulfamidobenzoesäure}$$

(Gehalte der letzteren Verbindungen im Elektrolyten: 0,05 bis 0,15 mMol/l)

Darüberhinaus ergab die Summation der in fester und flüssiger Phase vorliegenden Schwefelanteile (Tab. 1 und 2), daß nur etwa 50% des eingesetzten Schwefels wiedergefunden wurden. Da diese Differenz außerhalb des Fehlers dieser Bilanzen war, konnte der fehlende Betrag nur als gasförmige Verbindung, die sich der Bestimmung entzogen hatte, vorliegen, d. h. hier als SO_2. Die in Tab. 1 angegebenen SO_2-Anteile sind aufgrund dieser Annahme berechnet und nicht direkt gemessen worden. Der Hauptteil des eingesetzten Saccharin-Schwefels (80—85%) wurde in SO_2 und Sulfat übergeführt, so daß die dominierende Abbaureaktion im

Tab. 1. Abgeschiedene Schwefel- und Nickelmengen nach Durchführung einer Elektrolyse (Versuchsdauer: 120 h)

Nr.	*p*H-Bereich	Saccharin-Einsatz mMol	Abgeschiedenes Ni g	Abgeschiedenes Ni S-Gehalt %	S-Menge im Nickel mMol	S-Menge im Nickel % Einsatz
1	1,8–2,5	20	157,2	0,033	1,6	8,0
2	1,8–2,5	22	169,4	0,035	1,8	8,2
3	3,5–4,5	24	186,2	0,054	3,1	12,9

Tab. 2. Zusammensetellung der schwefelhaltigen Abbauprodukte nach Durchführung der Elektrolysen der Tab. 1

Nr.	Ausbringen S-haltiger Produkte mMol					
	Saccharin	Sulfobenzoesäure	Toluolsulfonamid	Sulfamidobenzoesäure	Sulfat	SO_2
1	0,6	0,6	0,05	0,05	8	9,2
2	0	1,5	0,025	0,035	4,5	14,2
3	0	1,3	0,02	0,03	9,7	9,9

*p*H-Bereich 1,8–4,5 die Desulfurierung gemäß

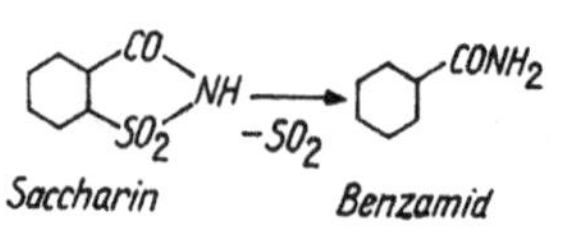

mit nachfolgender Oxydation eines Teiles des SO_2 zum Sulfat darstellen dürfte. Das entspräche den Verhältnissen bei der galvanischen Vernickelung, wo Benzamid als Hauptabbauprodukt nachgewiesen wurde [3, 5]. Die bevorzugte Bildung des SO_2 bzw. Sulfats ist dafür verantwortlich, daß nur ein kleiner Teil des Saccharin-Schwefels in gewünschter Weise zusammen mit dem Nickel abgeschieden wurde.

Über die Möglichkeiten, den Anteil des eingebauten Schwefels zu erhöhen, lassen sich anhand dieser Versuche nur Vermutungen anstellen. Es ist denkbar, dies durch Trennung des Anodenraums vom Kathodenraum zu erreichen. Setzt man nämlich voraus, daß dem Einbau des Schwefels die kathodische Reduktion der abgespaltenen Sulfogruppe zum Sulfidschwefel vorausgeht [2], dann würde die vorgeschlagene Trennung störende Oxydationsreaktionen durch anodisch entstehenden Sauerstoff unterbinden und somit die Schwefeleinlagerung begünstigen.

Eingegangen am 23. 6. 1978

Literatur

[1] *R. Böhme, H. Götze, G. Schmiedel, A. Strauch,* DDR-WP 99609. Anm. 12. 8. 1973
[2] *J. Dubsky, P. Konzak,* Metalloberfläche **24** (1970) 423
[3] *J. Dubsky,* l. c. **27** (1973) 217
[4] *R. Bellobono, E. Bertorelle,* Galvanotechnik **53** (1962) 544
[5] *J. Matulis, A. Bodnevas, M. Vainilaviciene,* Plating **56** (1969) 1147
[6] *D. V. Mockute, G. Ju. Adamonyte, A. Bodnevas, J. Matulis,* Tr. AN Lit. SSR, B. T. 2 (53) (1968) 23
[7] *D. V. Mockute, G. Ju. Adamonyte,* l. c. T. 1 (60) (1970) 149
[8] *J. Dubsky,* Metalloberfläche **24** (1970) 85
[9] F. und E. – Bericht des Forschungsinstitutes für NE-Metalle, Freiberg/Sa.; FE 1429 (8) v. 31. 12. 1971
[10] *A. Castiglioni,* Z. anal. Chem. **145** (1955) 188
[11] *F. Cramer,* Papierchromatographie, Verlag Chemie, 1962

The Influence of Addition of Inorganic Carbonates on the Relative Volatility Factor of Light and Heavy Water at Temperatures Close to the Isotope Effect Inversion Temperature

A. Selecki, A. G. Chmielewski

(Institute of Chemical Engineering, Warsaw Technical University)[1]

The influence of Na_2CO_3, K_2CO_3, and Li_2CO_3 addition on the relative volutility factor α of light and heavy water at temperatures close to the isotope effect inversion temperature has been investigated. The measurements for Na_2CO_3 and K_2CO_3 solutions have been made in the temperature range 100—330 °C at various salt concentrations. In the case of Li_2CO_3 temperature range and concentration was limited by the solubility of this salt. The factor α was determined by analysis of gas and liquid phases at equilibrium. Data on pure waters obtained by other investigators are listed for comparison. The temperature dependence of factor α for salt solutions and pure waters is presented in the form of equations derived from experimental data.

(B12) INIS DESCRIPTORS:

aqueous solutions; comparative evaluations; electrolytes; equilibrium; heavy water; high temperature; isotope effects; lithium carbonates; medium temperature; phase studies; potassium carbonates; quantity ratio; sodium carbonates; temperature dependence; volatility; water

Introduction

The difference of the volatility of light and heavy water was one ot the phenomena utilized for the separation of these waters. Up to a temperature of about 225 °C light water is more volatile, while above this temperature, known as the crossover or inversion temperature (T_{inv}), heavy water becomes more volatile [1].

The dependence of the volatility factor α on the temperature in the range 0—114 °C has been described by an empirical equation [2]:

$$\ln \alpha = \frac{A}{T^2} - \frac{B}{T} + C \tag{1}$$

The addition of an electrolyte to the mixture of light and heavy water causes a decrease of the relative volatility factor. For solutions of inorganic salts in a mixture of light and heavy water, the dependence of the relative volatility on the temperature may be expressed by an equation similar to the previous one [3]:

$$\ln \alpha_1 = \frac{A_1}{T^2} - \frac{B_1}{T} + C_1 \tag{2}$$

It has also been found that the addition of inorganic salt causes a decrease of the crossover (inversion) temperature [4].

A more thorough investigation of the dependence of relative volatility on the concentration in the mentioned range seemed worth-while, from the point of view of both research and possible technological implications.

The series of alkaline carbonates has been selected for these investigations because, as had been shown in the work of *Tyminski* and *Selecki* [5], their presence in the solution influences the α factor in a slightly different way compared with other salts investigated by the authors in the temperature range up to 90 °C.

The measurements have been conducted between 100 and 330 °C. In order to test the apparatus, several measurements have been made, using, a mixture of pure isotopic forms of water. The influence of sodium carbonate, potassium carbonate and lithium carbonate has been investigated. In the case of sodium carbonate six salt concentrations have been used (1·06; 1·55; 1·7; 2·06; 2·79 and 4·6 mole per cent) and five (0·55; 1·4; 2·31; 2·67; 4·38) for potassium carbonate. In the case of lithium carbonate, the volatility factors have been determined only for a solution of 0·2 mole per cent concentration because of the low solubility of the salt, which moreover decreased with increasing temperature. This led to a limitation of the temperature range investigated.

Experimental part

A specially constructed autoclave made from acid resistant steel of a capacity of approx. 200 cm³ has been used in the experiments. The autoclave is provided with needle valves with welded capillary tubes, extending into the autoclave. One of the valves was used for sampling the liquid, and the other one for sampling the vapour above the liquid.

The autoclave was surrounded by a copper mantle equalizing the temperatures and provided with an electrical heating jacket. Suitable electronic systems connected with two control thermocouples facilitated the measurement and control of the temperature inside the autoclave. The autoclave was rocked at an angle of approx. 30 degrees with a frequency of approx. 40 cpm in order to mix the liquid in the autoclave.

Heavy water of a concentration of 99·8 mole per cent, distilled three times (last time in a quartz apparatus), was used for the experiments. During the first distillation, $KMnO_4$ and BaO were added in order to remove organic impurities. The purified water was diluted with redistilled water to a concentration of approx. 50 per cent, and this mixture of light and heavy water was used for preparating the salt solutions.

Dried carbonate was dissolved in approx. 130 cm³ of this water. The salt concentration was determined by weight. After degassing the prepared solution was transferred into the autoclave under pressure. After reaching the pre-set temperature, the autoclave was rocked for approx. 8 hours. This was sufficient for reaching a liquid-vapour equilibrium. After this period, samples of liquid and vapour were drawn directly into the cleaning apparatus and frozen out with liquid air.

Any possible contaminants were removed from the samples by distilling five times in a vacuum apparatus. The second distillation was performed in the presence of agents oxidizing organic contaminants. The construction of the distilling apparatus was similar to that described by *Satenstajn* [6], which facilitated puri-

[1]) Adress: Waryńskiego 1,00-645 Warsaw, Poland

fication without transferring the sample from one apparatus to another.

The analysis of heavy water concentration in the samples was performed by means of an interferometer. The difference of concentration of heavy water in one sample in relation to a second sample was determined in a 2 cm absorption cell, while the concentration of heavy water in samples in relation to redistilled water was measured in a 1 cm absorption cell.

The interferometer measurements and the calculation of the concentration from the obtained results were performed according to [6]. The absolute determination of D_2O concentrations in the samples is less important than the determination of the difference of concentrations between these samples. Thus, an error in the determination of the sample concentration amounting to 1 mole per cent at the same difference of concentrations gives a change of the α value of less than 0·0005.

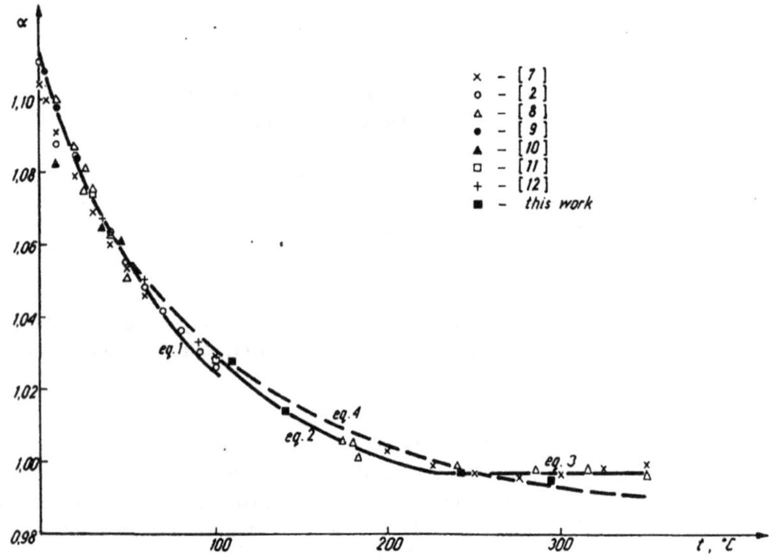

Fig. 1. The relative volatility factor α for pure waters as a function of temperature

Tab. 1. The relative volatility factor α for a mixture of light and heavy water. (Values obtained by direct concentration measurements)

No	T, °C	α	Work	Point in fig.
1.	0	1·112	*Majoube* [2]	○
2.	10	1·098	*Majoube* [2]	○
3.	20	1·085	*Majoube* [2]	○
4.	30	1·074	*Majoube* [2]	○
5.	40	1·064	*Majoube* [2]	○
6.	50	1·056	*Majoube* [2]	○
7.	60	1·049	*Majoube* [2]	○
8.	70	1·042	*Majoube* [2]	○
9.	80	1·037	*Majoube* [2]	○
10.	90	1·031	*Majoube* [2]	○
11.	100.	1·027	*Majoube* [2]	○
12.	1	1·104	*Merlivat* [7]	×
13.	3·8	1·100	*Merlivat* [7]	×
14.	10	1·091	*Merlivat* [7]	×
15.	20	1·079	*Merlivat* [7]	×
16.	30	1·069	*Merlivat* [7]	×
17.	40	1·060	*Merlivat* [7]	×
18.	50	1·053	*Merlivat* [7]	×
19.	60	1·046	*Merlivat* [7]	×
20.	100	1·029	*Merlivat* [7]	×
21.	200	1·003	*Merlivat* [7]	×
22.	225	0·999	*Merlivat* [7]	×
23.	250	0·997	*Merlivat* [7]	×
24.	275	0·996	*Merlivat* [7]	×
25.	300	0·997	*Merlivat* [7]	×
26.	325	0·998	*Merlivat* [7]	×
27.	350	0·999	*Merlivat* [7]	×
28.	9·84	1·100	*Combs* [8]	△
29.	20	1·087	*Combs* [8]	△
30.	25	1·081	*Combs* [8]	△
31.	30	1·075	*Combs* [8]	△
32.	40	1·063	*Combs* [8]	△
33.	50	1·051	*Combs* [8]	△
34.	174	1·006	*Combs* [8]	△
35.	180	1·005	*Combs* [8]	△
36.	183	1·001	*Combs* [8]	△
37.	240	0·999	*Combs* [8]	△
38.	285	0·998	*Combs* [8]	△
39.	315	0·998	*Combs* [8]	△
40.	350	0·997	*Combs* [8]	△
41.	3·0	1·108	*Johansson* [9]	●
42.	3·4	1·1075	*Johansson* [9]	●
43.	9·8	1·098	*Johansson* [9]	●
44.	20·4	1·084	*Johansson* [9]	●
45.	11·25	1·084	*Urey* [10]	▲
46.	11·25	1·089	*Urey* [10]	▲
47.	23·0	1·076	*Urey* [10]	▲
48.	35·6	1·066	*Urey* [10]	▲
49.	46·35	1·062	*Urey* [10]	▲
50.	100	1·028	*Kirshenbaum* [11]	□
51.	35	1·067	*Tymiński* [12]	+
52.	60	1·050	*Tymiński* [12]	+
53.	90	1·033	*Tymiński* [12]	+
54.	110	1·028	This Work	■
55.	140	1·014	This Work	■
56.	242	0·997	This Work	■
57.	294	0·995	This Work	■

Tab. 2. The coefficients of the equation (1) calculated from values listed in Tab. 1

Lp	Temperature range	A	B	C	Variance
1	0—100 °C	20800	46·58	$-1{\cdot}190 \cdot 10^{-5}$	$1{\cdot}84 \cdot 10^{-4}$
2	100—225 °C	18870	39·35	$-1{\cdot}251 \cdot 10^{-5}$	$3{\cdot}47 \cdot 10^{-4}$
3	> 225 °C	−9·674	1·507	$-8{\cdot}250 \cdot 10^{-5}$	$1{\cdot}22 \cdot 10^{-6}$
4	0—350 °C	16230	32·14	$-1{\cdot}904 \cdot 10^{-4}$	$1{\cdot}68 \cdot 10^{-6}$

Results of measurements and their elaboration

Fig. 1 shows the dependence of the relative volatility factor on temperature for pure waters.

Tab. 1 presents also the compilation of the values of the factor obtained by direct measurements performed by other investigators [2, 7—12]. The diagram purposefully does not show the results of works based on vapour pressure measurements as there are some differences in the α factors determined by these two methods (increase at higher temperatures with which we are concerned). The direct method should be regarded as the more precise one.

According to ref. [2], equation [1], describing the dependence of the factor on the temperature in the range 0—100 °C for a pure mixture of waters, has the following form:

$$\ln \alpha = \frac{24{\cdot}844}{T^2} \cdot 10^3 - \frac{76{\cdot}248}{T} + 52{\cdot}612 \cdot 10^{-3} \qquad (3)$$

It has been shown by the results of the work of *Van Hook* et al. [3] that an equation of a similar type may also be used for solutions of inorganic salts. Such equations describe with good approximation the dependence of the α factor on the temperatuie, also in a wider range of temperatures than investigated in the work of *Majoube* [2].

On the basis of a larger amount of results both from the works cited before and from our own work, the factors in an equation of type (1) have been calculated for a mixture of pure waters. In order to reduce the error of determinations, the whole range has been divided into three subranges limited by some characteristic temperatures. The first subrange encompasses the temperature from the ice point to the boiling point of water (0 bis 100 °C), the second one reaches the crossover (inversion) temperature (100—225 °C) (T_{inv}-according to 3). The third subrange encompasses the temperatures from T_{inv} to the highest temperature for which data were available (225—370 °C). The computed factors are compiled in Tab. 2.

This table presents also, for comparison purposes, the values of the A, B, C factors for the whole range of temperatures studied. The curves determined on the basis of the above equation (for applicable ranges of temperature), have been plotted in Fig. 1, showing the results of the experimental measurements. Also a dotted line, representing an equation obatined for the whole range of temperatures (0—370 °C), has been plotted in the diagram. The analysis of equations shows that consideration of the C values changes the value of the volatility factor α in the fourth decimal place. The obtainable accuracy of measurements (shown by differences between the results obtained by various authors which amount to 0·007 of the α value) facilitates the determination of the α value during sampling and analysis of samples with an accuracy to the third decimal place. Thus, practically, an equation of the type (1) may be written in the following form:

$$\ln \alpha = \frac{A}{T^2} - \frac{B}{T} \qquad (4)$$

An equation of this type may be used with sufficient accuracy for the suggested temperature ranges 0—100 °C and 100—225 °C. Above this temperature (more precisely, as suggested by the form of diagram 4 above, a temperature of approx. 250 °C) the value of the α factor, with an accuracy to the third decimal place, is constant and an equation of the type (4) may no longer be used. The values obtained from the equation determined for temperatures exceeding 225 °C show a small increase of the α factors with the temperature (from 0·9970 at 225 °C to 0·9975 at 350 °C) which of course is not true. This is caused only by a discrepancy of the experimental data. Probably, the curve is of the same type as the saturation curve and the changes of the α factor values are immesurable. Therefore, in this range the α factor should be regarded as constant and amounting to approx. 0·997.

In the case of an equation embracing the whole range of temperatures (0—350 °C) the deviations from the experimental,

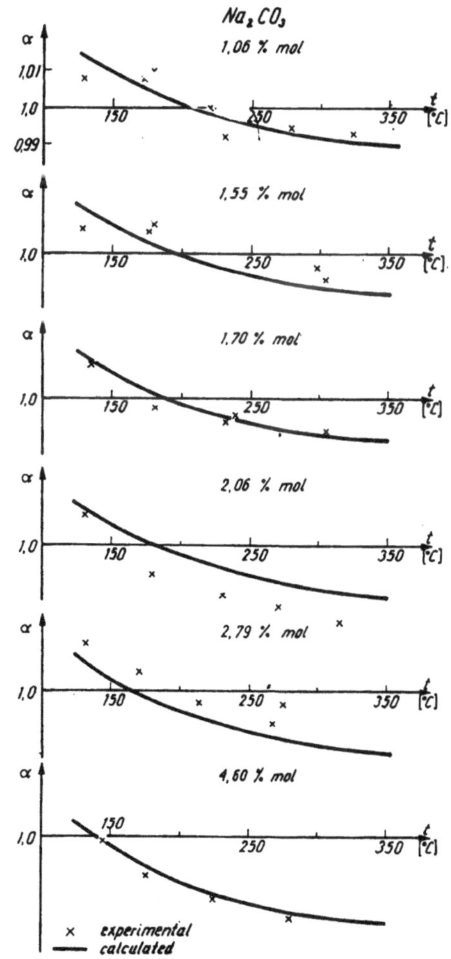

Fig. 2. The relative volatility factor α vs. temperature for Na_2CO_3 solutions

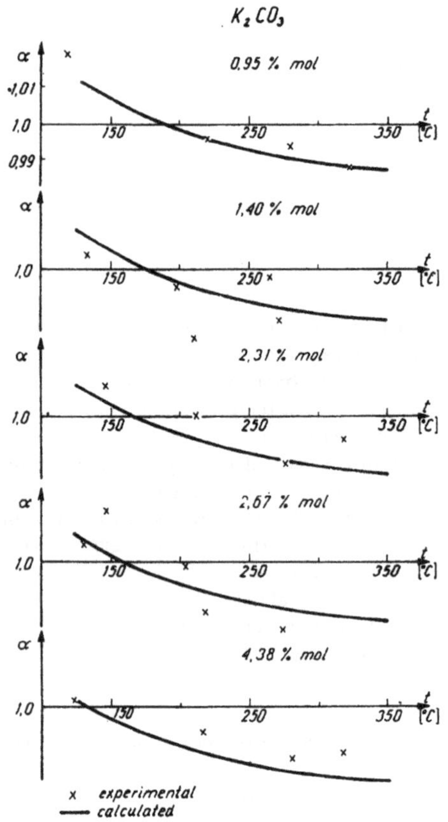

Fig. 3. The relative volatility factor α vs. temperature for K_2CO_3 solutions

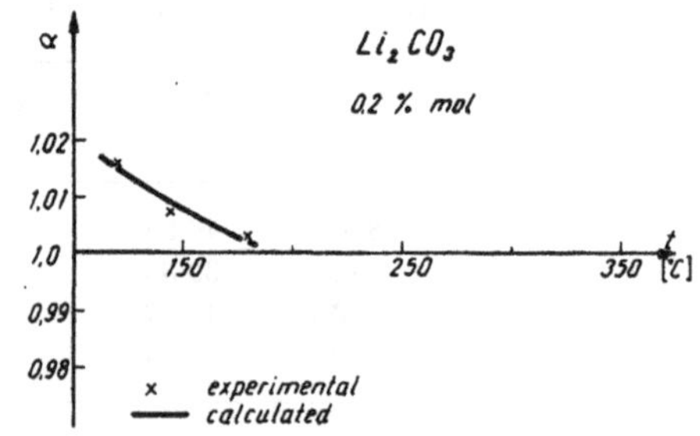

Fig. 4. The relative volatility factor α vs. temperature for Li_2CO_3 solutions

points and previous curves are not too high. Their maximum values do not exceed 0·005. This equation also facilitates an accurate calculation of the crossover (inversion) temperature T_{inv}. At temperatures exceeding 225 °C the curve declines furher and its position almost overlays the results obtained by *Olivier* and *Girsard* [14] from vapour pressure measurements.

In the case of salt solutions examined in a mixture of heavy and light water it has been assumed on the basis of previously cited works that the form of dependence of the α factor on temperature may be described by equations of type (2). However, because the amount of available results was limited, the factors in the equations were calculated for the whole range of temperatures in which the research was conducted (approx. 120–325 °C). This causes a certain error which, however, is not too high, and facilitates the determination of the influence of the type and concentration of salt on the decrease of the relative volatility factor α. The calculated factors A_1, B_1, C_1 are shown in Tab. 3. Also in this case the value of the constant C_1 is lower than the experimental error and the equation may be written in the following form:

$$\ln \alpha = \frac{A_1}{T^2} - \frac{B_1}{T} \tag{5}$$

In the case of Na_2CO_3 and K_2CO_3 for which results at various concentrations of salts were vaailable, it has been found that in the examined range the change of factors A_1, B_1, C_1 as a function of the salt concentration c (mole per cent) may be shown with good approximation in a linear way:

$$A_1 = m_1c + b_1 \tag{6}$$

$$B_1 = m_2c + b_2 \tag{7}$$

$$C_1 = m_3c + b_3 \tag{8}$$

The calculated factors of the above equations are shown in Tab. 4. The curves calculated on the basis of the above data are shown in Fig. 2 and 3 which also present the experimental results in the form of points.

Fig. 4 shows the measurement points for a 0·2 mole per cent solution of Li_2CO_3. The curve has been plotted on the basis of equation (2) with factors shown in Tab. 2.

Tab. 3. The coefficients of the equations (2) obtained for the investigated salt solutions

Salt	Concentration	Temperature range 120–325 °C			
	% mol	A_1	B_1	C_1	Variance
Na_2CO_3	1·06	12190	24·81	$1{\cdot}829 \cdot 10^{-5}$	$1{\cdot}431 \cdot 10^{-5}$
	1·55	9546	19·55	$3{\cdot}354 \cdot 10^{-5}$	$9{\cdot}380 \cdot 10^{-6}$
	1·70	13170	29·13	$-1{\cdot}539 \cdot 10^{-5}$	$2{\cdot}366 \cdot 10^{-6}$
	2·06	19840	46·33	$-2{\cdot}235 \cdot 10^{-5}$	$1{\cdot}906 \cdot 10^{-6}$
	2·79	13580	28·56	$-1{\cdot}602 \cdot 10^{-5}$	$5{\cdot}196 \cdot 10^{-6}$
	4·60	20090	48·94	$-1{\cdot}340 \cdot 10^{-5}$	$1{\cdot}116 \cdot 10^{-6}$
K_2CO_3	0·95	11870	27·06	$-1{\cdot}134 \cdot 10^{-4}$	$8{\cdot}536 \cdot 10^{-5}$
	1·40	11860	26·41	$-4{\cdot}464 \cdot 10^{-5}$	$7{\cdot}158 \cdot 10^{-5}$
	2·31	10440	22·68	$4{\cdot}927 \cdot 10^{-5}$	$1{\cdot}303 \cdot 10^{-5}$
	2·67	23650	52·23	$1{\cdot}026 \cdot 10^{-4}$	$7{\cdot}960 \cdot 10^{-5}$
	4·38	12840	29·13	$7{\cdot}128 \cdot 10^{-5}$	$1{\cdot}284 \cdot 10^{-4}$
Li_2CO_3	0·2	14670	31·51	$-9{\cdot}666 \cdot 10^{-6}$	$2{\cdot}052 \cdot 10^{-6}$

Tab. 4. The coefficients of equations 6, 7, and 8 calculated on the basis of Tab. 3 (salt concentration) in mole per cent

Salt	Temperature range 120–325 °C					
	m_1	b_1	m_2	b_2	m_3	b_3
Na_2CO_3	1240	12510	4·406	24·12	$23{\cdot}21 \cdot 10^{-6}$	$-71{\cdot}77 \cdot 10^{-6}$
K_2CO_3	154·5	14180	1·628	29·60	$66{\cdot}42 \cdot 10^{-6}$	$-15{\cdot}05 \cdot 10^{-5}$

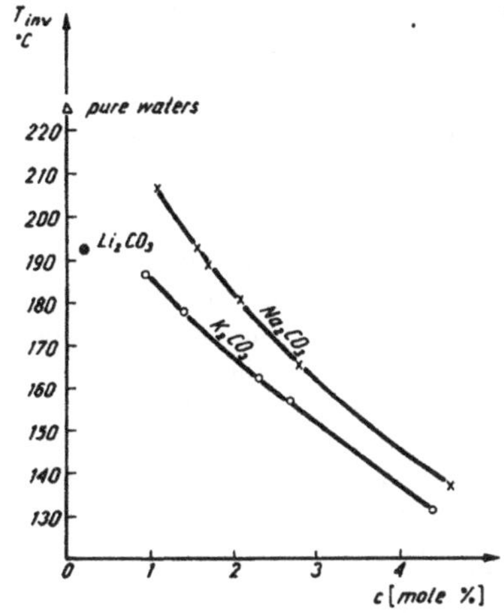

Fig. 5. The crossover (inversion) temperature (T_{inv}) as a function of the salt concentration

Fig. 5 shows the dependence of the crossover (inversion) temperature T_{inv} as a function of the salt concentration c. The temperatures have been calculated on the basis of equation (5), using factors calculated from equations (6) and (7) — Tab. 4.

It can be seen from the diagram that with increasing salt concentration in the solution, the crossover (inversion) temperature decreases. In the case of K_2CO_3 solutions the decrease of T_{inv} is larger than in the case of Na_2CO_3 solutions.

According to the discussions in [1, 5], the influence of an addition of salt on the relative volatility may be explained on the basis of the existence of effects connected with dilution, breaking of hydrogen bonds and the difference in the interaction of molecules of light and heavy water with the ions present in the solution. The first effect is insignificant [5]. The second effect, in the case of high temperatures examined by us, loses its significance because hydrogen bonds are destroyed when the temperature increases.

The differences in the structural orientation of both types of water and the influence exerted by the ions on the water cease to be important. At these temperatures the effect connected with the differences of the ionic polarization of both types of water plays a decisive role. According to the work of *Van Hook* et al. [3], the effects at high temperatures and high salt concentrations are mainly connected with simple ionic polarization of single (i.e. unstructured) water molecules.

Conclusions

1. Within predetermined temperature limits, the dependence of the relative volatility factor α for a mixture of light and heavy water on the temperature, may be shown with good accuracy by an equation of the following type:

$$\ln \alpha = \frac{A}{T^2} - \frac{B}{T}$$

2. For solutions of Na_2CO_3, K_2CO_3 and Li_2CO_3 equations of this type describe with good accuracy similar dependencies at temperatures close to the crossover (inversion) temperature T_{inv}. Moreover, for these solutions the dependence of the A and B factors in the equation may be shown as a linear function of the salt concentration c (mole per cent) in the solution.

The investigated salts cause a reduction of the isotope effect inversion temperature T_{inv} and of the value of the α factor in comparison with a mixture of pure waters.

An addition of K_2CO_3 lowers this temperature more than an addition of Na_2CO_3. The value of T_{inv} decreases as the salt concentration increases.

Acknowledgements

This work was supported by the Polish Academy of Science. Grateful acknowledgement is made to the donor.

Received September 21, 1978

Literature

[1] *I. E. Rabinovic*, Vlijanic, Vlijanie izotopii na fizyko-khimiceskije svoistva zhidkostiej, Nauka, Moskva 1968
[2] *M. Majoube*, J. Chim. Phys. Physiechim. Biol. 68 (1971) 625
[3] *J. Pupezin, G. Jakli, G. Jancso, W. A. Van Hook*, J. Phys. Chem., (1972) 743
[4] *R. L. Combs, H. A. Smith*, J. Phys. Chem. 61, (1957) 441
[5] *B. Tymiński, A. Selecki*, Nukleonika 18 (1973) 83
[6] *S. Salenstajn* et al., Izotopnyj anliz tiezheloj vody Izd. AN SSR, Moskva 1957
[7] *L. Merlivat, R. Botter, G. Nief*, J. Chim. Phys. 60 (1963) 56
[8] *R. L. Combs, J. M. Googin, H. A. Smith*, J. Phys. Chem. 58 (1954) 1000
[9] *M. Johansson, K. E. Holmberg*, A. Chim. Scand. 23 (1969) 765
[10] *M. H. Wahl, H. C. Urey*, J. Chem. Phys. 3 (1935) 411
[11] *I. Kirshenbaum*, Tiazhelaja voda, Izd. Inostr. Lit., Moskva 1953
[12] *B. Tymiński, Ph. D. Thesis*, Warsaw Technical University 1967
[13] *J. Bigeleisen, M. W. Lee, F. Mendel*, Am. Rev. of Phys. Chem. 24 (1973) 407
[14] *G. D. Olivier, J. W. Grisard*, J. Am. Chem. Soc. 78 (1956) 561

Fractionation Effect in Thermionic Emission of Lithium Isotopes

L. Gladyszewski, A. Nagnajewicz

(Institute of Physics, M. Curie-Skłodowska University, Lublin, Poland)[1])

The isotopic effect occurring during evaporation of microgram samples of lithium chlorides has been studied. The isotopic ratios $^7Li/^6Li$ show a time dependence variation corresponding to the Rayleigh distillation formula, but the fractionation factor observed is smaller than the one applied so far. Using an original method, the new value of this factor was found.

(B11) INIS DESCRIPTORS:

evaporation; isotope effects; isotope ratio; isotope separation; lithium 6; lithium 7; lithium 6 beams; lithium 7 beams; lithium chlorides; mass spectroscopy; thermoionic emission; time dependence

1. Introduction

Thermal ion sources for isotopic analysis of solid substances show a considerable effect of isotopic fractionation which causes that the studied isotopic abundance ratios in a sample are not identical with the measured intensity of the ion currents [1, 7].

The value that characterizes the isotopic fractionation effect is the so-called fractionation factor defined as a ratio of the relative isotopic abundances in the enriched part and their relative abundances in the enriched part and their relative abundances in the exhausted part.

Since the ion beam is enriched in a light isotope, we have:

$$\alpha = \frac{\dfrac{n_1}{n_2}}{\dfrac{N_1}{N_2}}$$

α — isotopic fractionation factor,

$\dfrac{n_1}{n_2}$ — isotopic abundances ratio in the beam,

$\dfrac{N_1}{N_2}$ — isotopic abundances ratio in the sample.

Thus, we can obtain information about the isotopic ratios in the sample by measuring the isotopic ratios in the ion beam of the mass spectrometer, provided that we know the value of the fractionation factor α:

$$\frac{N_1}{N_2} = \frac{1}{\alpha} \cdot \frac{n_1}{n_2} \tag{1}$$

In the past the value of α was taken to be $\alpha = \sqrt{\dfrac{M_2}{M_1}}$, $M_2 > M_1$, [3, 8], but in some recent publications the necessity to use some other values of the fractionation factor has been established [4, 5].

The authors of the present publication have carried out measurements aimed at finding out experimentally the values of the isotopic fractionation factor in thermionic ion emission in lithium.

2. The measurement principles

Formula (1) relates to the analysis of a sample treated as an inexhaustible reservoir of atoms.

However, if the mass of the sample used is very small (several micrograms), we can observe additional changes in the recorded isotopic content of the ion beam during evaporation of the sample, which reflect the changes in the isotopic content of the sample remaining on the anode of the ion source.

As the time of the ion source work increases, the anode is enriched in a heavier isotope according to the dependence formula given by *Rayleigh* [2, 3].

$$\left(\frac{N_2}{N_1}\right)_t = \left(\frac{N_2}{N_1}\right)_0 \cdot \left(\frac{M_0}{M}\right)^{\alpha - 1} \tag{2}$$

$\left(\dfrac{N_2}{N_1}\right)_t$ — isotopic abundance ratio in the sample at time t from the beginning of the distillation,

$\left(\dfrac{N_2}{N_1}\right)_0$ — isotopic abundance ratio in the sample before distillation.

According to formula (1) we can write:

$$\left(\frac{n_2}{n_1}\right)_t = \frac{1}{\alpha}\left(\frac{N_2}{N_1}\right)_0 \cdot \left(\frac{M_0}{M}\right)^{\alpha - 1} \tag{3}$$

The quantity of the evaporated substance is an exponential function of time:

$$\frac{dM}{dt} = -\gamma M, \qquad M = M_0\, e^{-\gamma t} \tag{4}$$

where: $\gamma = \gamma_1 + \gamma_2$ is the probability of the evaporation of ion (γ_1) or atom (γ_2):

$$\gamma = A \exp\left(-\frac{E^+}{kT}\right) + B \exp\left(-\frac{E^0}{kT}\right)$$

E^+, E^0 — the heat of evaporation of ion and atom.

During the experiment we observed that the intensity of the current from the anode ion source was also an exponential function of time:

$$J = e\, M\gamma_1 = e\, \gamma_1 M_0\, e^{-\gamma t} = I_0\, e^{-\gamma t} \tag{5}$$

The probability γ was found out by studying the change of the ion current as a function of time. Introducing the value $\dfrac{M_0}{M} = e^{\gamma t}$ into formula [3], we obtained:

$$\left(\frac{n_2}{n_1}\right)_t = \frac{1}{\alpha}\left(\frac{N_2}{N_1}\right)_0 \cdot e^{(\alpha - 1)\gamma \cdot t} \tag{6}$$

The logarithm of the latter ratio is a linear function of time:

$$\ln\left(\frac{n_2}{n_1}\right)_t = \ln\left(\frac{N_2}{N_1}\right)_0 - \ln \alpha + \gamma(\alpha - 1)\, t \tag{7}$$

[1]) Address: 20-031 Lublin, Nowotki Str. 10/356

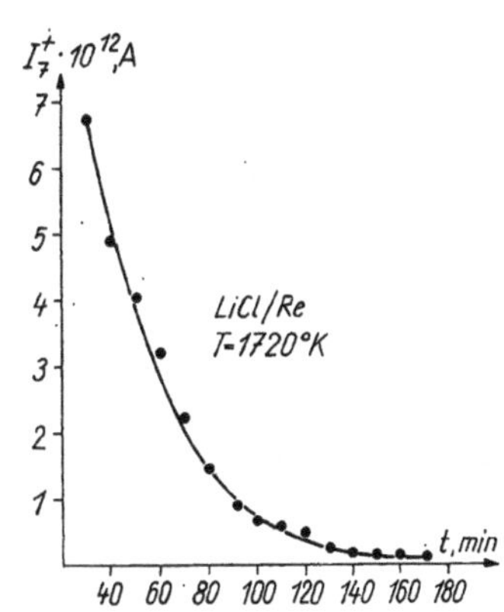

Fig. 1. Time dependence of ion current intensity

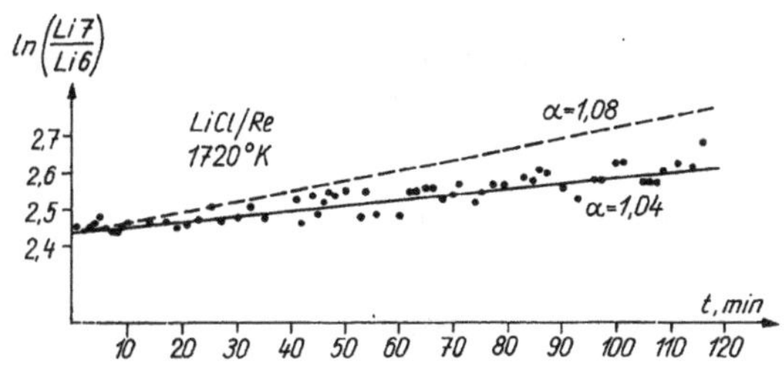

Fig. 2. Logarithm of isotopic ratio of ion beam dependence on the time of sample evaporation

The value $\gamma(\alpha - 1)$ (eq. (7) is obtained from measuring the tangent of the pitch of the straight line. The broken line marks the logarithm of the *Rayleigh* function for $\alpha = \sqrt{\frac{M_2}{M_1}} = 1.08$

where the tangent of the angle pitch is $\varepsilon = \gamma(\alpha - 1)$. Then:

$$\alpha = 1 + \frac{\varepsilon}{\gamma}$$

The value of the isotopic ratio extrapolated to time zero will be:

$$\left(\frac{n_2}{n_1}\right)_{t=0} = \frac{1}{\alpha} \cdot \left(\frac{N_2}{N_1}\right)_0$$

and the needed ratio is:

$$\left(\frac{N_2}{N_1}\right)_0 = \alpha \left(\frac{n_2}{n_1}\right)_{t=0}$$

3. Instruments. Measurement results

The measurements were carried out on the MI-1201 mass spectrometer with a thermal ion source. The sample in the form of LiCl water solution was placed on a rhenium anode and then heated by the infrared radiator. The quantity of the compound used varied from 3 to 5 micrograms.

After stabilizing the temperature, the ion current intensity and the isotopic ratios $\frac{^7Li}{^6Li}$ were recorded as functions of time.

Value γ was found from formula (5) and value ε from studying the change of the isotopic composition (equation (7)), which gave:

$$\alpha = 1 + \frac{\varepsilon}{\gamma}$$

The "Odra" computer was used to process the measurement results. The obtained values ε and γ are:

$$\varepsilon = 0.001519 \pm 0.000008\,; \qquad \gamma = 0.0359 \pm 0.0003$$

from which: $\alpha = 1.042 \pm 0.013$.

The value of the isotopic ratio $\frac{^6Li}{^7Li}$ extrapolated to time $t = 0$ was for the ion stream:

$$\left(\frac{n_2}{n_1}\right)_{t=0} = 11.42 \text{ (LiCl sample of industrial origin).}$$

Taking into account the fractionation factor effect and assuming $\alpha = 1.042$, we obtained:

$$\left(\frac{N_7}{N_6}\right)_0 = 11.90 \pm 0.08\,.$$

Using the same instruments, we measured the isotopic composition of lithium contained in the "Pultusk" meteorite.

Tab. 1.

Sample	$\left(\frac{^7Li}{^6Li}\right)_0$	α	$\left(\frac{^7Li}{^6Li}\right)_0 \cdot \alpha$	References
"Pultusk" Meteorite	11.30 ± 0.12	1.042	11.77	present work
LiCl (probe No H 13)	11.42 ± 0.08	1.042	11.90	present work
"Saratow" Meteorite	11.84 ± 0.10	1.052	12.46	[4]
Li_2O	11.56 ± 0.04	1.08	12.48	[8]

The data from the measurements are presented in Tab. 1. It contains also the results of measurements obtained by other authors who used different values of the isotopic fractionation factor.

Received August 11, 1978

References

[1] *C. Reutersward*, Arkiv Fys. **11** (1956) 1

[2] *K. Cohen*, The Theory of Isotope Separation, McGraw-Hill Book Comp., New York 1951

[3] *A. Eberhardt, R. Delwiche, J. Geiss*, Z. Naturforsch. **19a** (1964) 736

[4] *L. K. Lewskij, A. N. Murin, W. G. Zaslawskij*, Geokhimia, **1969**, 1

[5] *L. K. Lewskij, A. N. Murin, W. G. Zaslawskij*, Geokhimia, **1969**, 751

[6] *U. A. Isakow, G. S. Pljusnin, S. B. Brandt*, Geokhimia, **1969**, 748

[7] *W. Żuk, L. Gladyszewski, J. Zinkiewicz*, Annales UMCS, AA, **XVI** (1961) 131

[8] *M. J. Higatsberger*, Acta Phys. Austriaca **9** (1955) 179

On the Radiochemical Purity of Elementary ^{35}S with High Specific Activity

D. S. Todorovsky, K. N. Kostadinov, Yu. N. Efremova

(Radiochemical Laboratory, Faculty of Chemistry, University of Sofia)[1])

Radiochemical composition and chemical changes with increasing storage time of benzene solutions and of solid species of elementary ^{35}S with high specific activity are studied. The dependence of the stability on the specific activity and the radioactive concentration is shown and some tentative limits are given for permissible storage periods.

(B13) INIS DESCRIPTORS:

autoradiolysis; benzene; impurities; radioactivity; solids; solutions; storage; sulfur; sulfur 35; time dependence

The radiochemical composition of commercially available radioactive isotopes and labelled compounds is an important and systematically controlled characteristic. In this connection the investigation of self-decomposition is of great interest. The major part of works is devoted to labelled organic compounds which are especially inclined to decompose. A valuable review of this problem has been made by *Evans* [1]. However, relatively small attention is being paid to inorganic materials.

As a rule, data on the radiochemical purity of the offered elementary ^{35}S with high specific activity are not given in the literature available as well as in certificates of the commercial products. In [2] some preliminary results were reported. Now we give more detailed data on the radiochemical composition and storage stability of elementary ^{35}S with high specific activity

Experimental

Three batches of each of two commercial products: "Elementary ^{35}S in benzene" (product **A**) and "Elementary ^{35}S" (product **B**) were examined. The original product **A** was diluted to 2 cm³ and the product **B** dissolved in 100 cm³ freshly distilled analytical grade benzene. Some data for the original products and the solutions prepared are given in Tab. 1. All products were stored at room temperature in Pyrex glass vessels in the dark.

The radiochemical composition of the solutions was analysed using the method [3]: 2 µl of the solution were added to 4 M KCN containing Na_2SO_4, Na_2SO_3, Na_2S and KCSN as carriers. The activity of the isolated fractions was measured in the form of $BaSO_4$.

[1]) Address: 1, A. Ivanov Av., 1126-Sofia, Bulgaria

The confidence limit (at 95% probability level) determined by 8 paralell analyses was less than 4% for the sum of $SO_4^{2-} + SO_3^{2-}$ as well as for $CSN^-(S^0)$; it was about 7% for S^{2-} and up to 16% for SO_4^{2-} and SO_3^{2-} when analysed separatley. The last fact is explained with the easy oxidation of SO_3^{2-}.

Results and Discussion

The differences in the content of sulphur chemical forms in fresh solutions (prepared 5–20 d after their production) from different batches of the same producer are not very significant. They vary within the values shown in Tab. 1. Only results of one batch were out of the confidence limit. It is necessary to keep in mind that the analytical method used permits only to conclude that in the products such sulphur forms exist, which during the analysis generate SO_4^{2-}, SO_3^{2-}, S^0 and S^{2-}.

The dependence of the observed chemical changes on the storage time is linear for product **A** (Fig. 1). A relatively well defined period of initial stability exists in the same dependence for the original solid and the dissolved product **B** (Fig. 2 and 3). The same has been found for solutions of other labelled compounds [1].

There is no linear dependence of the changes on the absorbed dose.

Using the equation proposed in [4], we calculated G values of the processes: 0·21 for the solution of product **A**; 0·38 for the solution of product **B** and 1·74 for the original (solid) product **B**. These values can only be taken as a rough estimation because of nonlinearity of chemical changes dependencies on time and dose.

Tab. 1. Chemical forms of ^{35}S (mean values in % of the total activity) in benzene solutions of ^{35}S-labelled elementary sulphur

Producer	Date of production	Amount of sulphur, mg	Specific activity at the date of production, mCi/mg	Solution concentration, mmol/cm³	Radioactive concentration, mCi/cm³	$SO_4^{2-} + SO_3^{2-}$	SO_4^{2-}	SO_3^{2-}	S^0	S^{2-}
The Radiochemical Centre Amersham	19. 8. 74	0·11	69·09	$2.1 \cdot 10^{-4}$	3·8					
	19. 11. 73	0·16	67·50	$3.1 \cdot 10^{-4}$	5·4	5·5	1·8	3·7	75·5	19·0
	2. 5. 75	0·37	42·70	$7.2 \cdot 10^{-4}$	7·9					
VO „Izotop"	30. 7. 75	40·9	2·45							
	7. 1. 76	25·8	3·89	$1.0 \cdot 10^{-3}$	1·0	16·0	6·9	9·1	67·0	17·0
	8. 2. 77	18·3	5·48	$7.1 \cdot 10^{-4}$	1·0					

The higher stability of solution **B** (compare Fig. 1 and 2) should be most probably connected with its lower specific activity and radioactive concentration. The same reasons as well as some protective effect of benzene can explain the lower rate of changes of the dissolved product in comparison with the solid product **B** (Fig. 2 and 3).

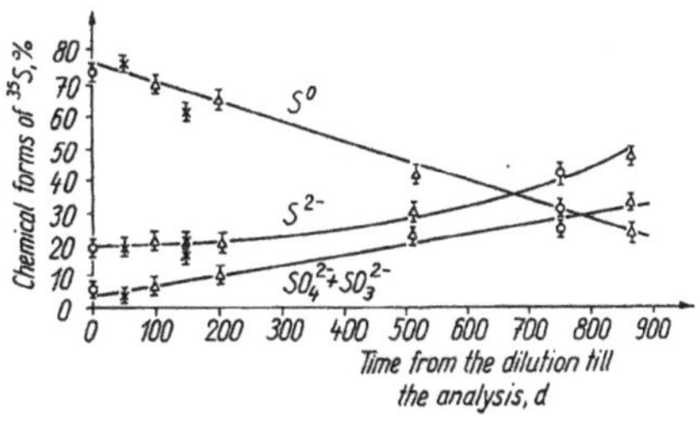

Fig. 1. Dependence of the radiochemical composition of product **A** on the storage time of the solution (different batches are marked with ○, × and △)

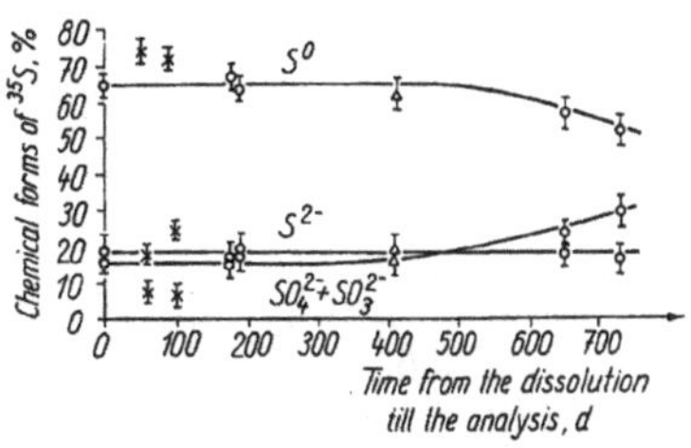

Fig. 2. Dependence of the radiochemical composition of product **B** on the storage time of the solution (different batches are marked with ○, × and △)

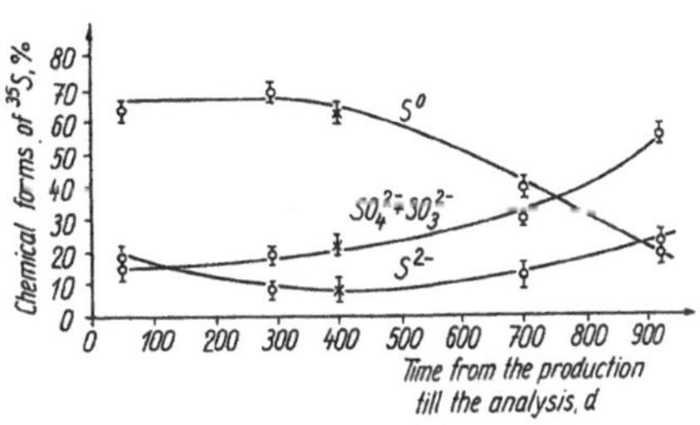

Fig. 3. Dependence of the radiochemical composition of the original solid product **B** on the storage time (different batches are marked with ○, × and △)

From the data available it is difficult to make a definite statement on the mechanism of the observed changes. The ability of sulphur to form various chains complicates the problem. Using the classification proposed in [4], it can be assumed that the process is probably a complex one: A primary (external) decomposition due to an interaction of emitted particles with other ^{35}S-containing molecules, a secondary interaction of labelled molecules with free radicals produced by the radiation, and chemical "decompositions" take place. The last process is perhaps quite important taking in mind that the sulphur concentrations are less than $0{\cdot}2$ mg/cm^3.

A possible source of radicals is the beta decay of ^{35}S, which disrupts the sulphur molecule cycles. The open chains can interact with other sulphur cycles thus producing forms which are precursors of ionic forms found in analysis.

Conclusions

The data reported show that impurities of oxidized and reduced forms exist in the commercial products of elementary ^{35}S solids and solutions. They should be taken into consideration if the radiochemical composition of the product is of interest to the consumer. Our results show that it is not desirable to store products with a specific activity above 10–20 mCi/mg or with a radioactive concentration of more than 1–2 mCi/cm^3 longer than 150 d because significant radiochemical changes occur. All possible measures must be taken to prevent contact with the air.

Received July 20, 1978

References

[1] *E. A. Evans*, Self-decomposition of radiochemicals, The Radiochemical Centre, Review 16 (1976)

[2] *D. S. Todorovsky, A. G. Maddock*, Radiochem. Radioanal. Lett. 26 (1976) 339

[3] *M. Kasrai, A. G. Maddock*, J. Chem. Soc. A 1970, 1105

[4] *R. J. Bayly, H. Weigel*, Nature [London] 188 (1960) 384

Effect of Gamma Radiation on the IR Spectra of Some Divalent and Trivalent 8-Hydroxyquinoline Complexes

A. M. El-Agrami[1]), *F. M. Abdel Kerim*[2]), *H. A. Ali*[1]) *and M. H. Atya*[2])

[1]) A. E. E. Cairo, Egypt.; [2]) National Research Centre)

The IR spectra of ten elements chelated with 8-hydroxyquinoline were measured before and after gamma irradiation with different doses (7—518 Mrd) and discussed. It was found that the rate of decrease, K, of the absorbancy of M—O and (C—O)-M stretching vibration bands depends on the chelated cation. Moreover, the Cu 8-hydroxyquinoline complex is suggested as gamma dosimeter for doses ranging from 4·8 to 160 Mrd.

(B14; E41) INIS DESCRIPTORS:

aluminium complexes; chelates; chemical dosemeters; chemical reaction kinetics; cobalt complexes; copper complexes; dose-response relationships; gamma radiation; infrared spectra; iron complexes; lanthanum complexes; manganese complexes; nickel complexes; quinolines; radiation doses; radiolysis; scandium complexes; yttrium pcomlexes

Introduction

The developments taking place in the use of radiation for the preservation of food have indicated the need of a routine dosimetry system in the Mrd range. In a programme initiated for this purpose, the effect of gamma radiation on IR spectra of lanthanide 8-hydroxyquinoline and some trivalent acetylacetone complexes were previously studied [1, 2]. In this work the effect of gamma radiation on some trivalent and divalent metal 8-hydroxyquinoline complexes has been investigated. The gamma radiation induced degradation of the M—O and (C—O)-M bonds of these compounds is evaluated.

Experimental

The different metal chelates were prepared according to the procedure given by *Charles* et al. [3]. The compounds studied are complexes with 8-hydroxyquinoline of the divalent 1st transition metals Mn, Fe, Co, Ni, Cu, and Zn and the lanthanide homologues Al, Sc, Y and La.

The irradiation source used was the ^{60}Co gamma 3500 NORATOM, A/S irradiation unit of the Middle East Regional Radioisotope Centre for the Arab Countries, Cairo, Egypt. Calibration was performed with ferrous sulphate dosimeters. The dose rate was $5{\cdot}0 \times 10^5 \pm 5\%$ R/h in January 1974.

The IR measurements were carried out using the UR 10 full automatic double beam IR spectrophotometer (Carl Zeiss Jena) with a reproducibility of $\pm$ 1 cm^{-1} in the range 400—2000 cm^{-1} (KBr and NaCl prisms). For recording the IR spectrum, the KBr disc technique was used. The error in measuring the absorbancy was calculated and found to be not higher than $\pm$ 5%. The base line technique was used for calculating the absorbancies of the IR bands.

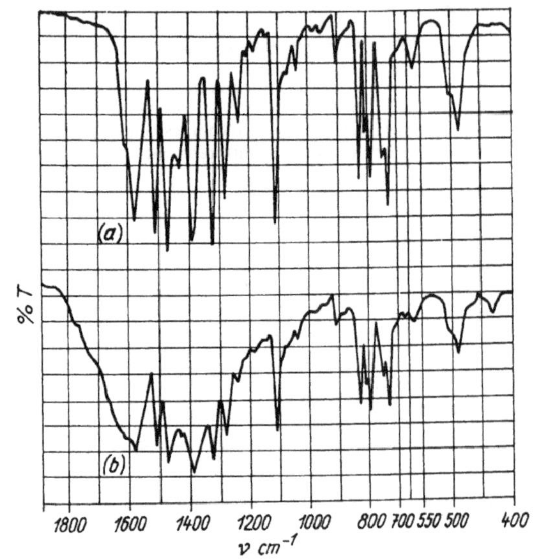

Fig. 1. IR-Spectra of the Mn (8 — H. Q) complex

a — before irradiation; b — after gamma irradiation with a dose of 518 Mrd

Results and Discussion

The IR spectra of the different 8-hydroxyquinoline chelates have been recorded before and after irradiation with different doses. The effect of gamma radiation on the IR spectra is exemplified by Fig. 1 for the Mn 8-hydroxyquinoline complex. From Fig. 1 it can be seen that the position of all bands is not changed by irradiation while the intensities are decreased. Pronounced changes in intensities with dose are observed for bands corresponding to the (M—O) band stretching vibration at 506 $\pm$ 11 cm^{-1} and to the (C—O)-M stretching vibration [4] at 1113 $\pm$ 5 cm^{-1}. On the other hand the bands due to C=C and C=N stretching vibration, lying between 1588 $\pm$ 2 and 1630 $\pm$ 3 cm^{-1}, showed a slight decrease in their intensities up to the maximum dose applied. This is because the C=C and C=N groups of the quinoline ring are of marked stability due to the aromatic character [5].

To find the order of the irradiation reaction the otptical is plotted against the applied gamma dose on a semilog paper. This relation is given in Fig. 2 for the M—O IR bands near 506 $\pm$ 11 of the different compounds as an example of the bands of interest. The linearity obtained for all the metal 8-hydroxyquinoline complexes supports the first order degradation mechanism. The slopes of these lines give the rate of decrease, *K*, for the different metal complexes. In Tab. 1 the *K* values obtained are given together with the threshold dose and the dose above which the first order law is no longer valid. From Tab. 1 it can be shown that the rate of decrease *K* (Mrd^{-1}) depends on the type of the

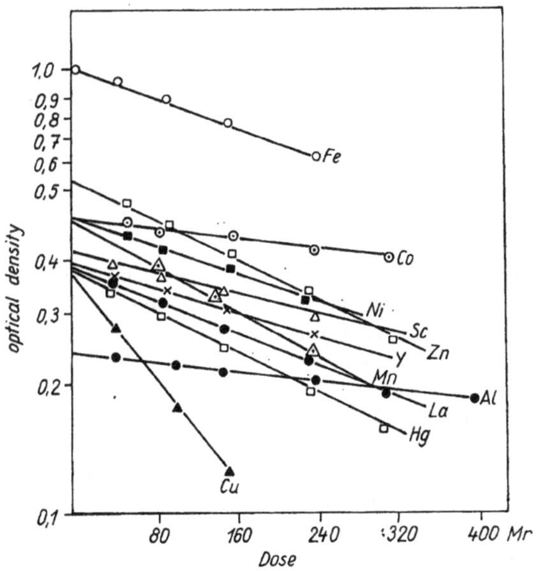

Fig. 2. Relation between optical density and absorbed dose for the studied 8-H.Q. complexes

Tab. 1. Rate of decrease (K), threshold dose (D_{th}) and the dose above which the first order law is no longer valid (D) for (M—O) and (C—O)-M (does values in Mrd)

Flamed	(M—O)				(C—O)			
	W.n. cm^{-1}	$K \times 10^3$	D_{th}	D	W.n. cm^{-1}	$K \times 10^3$	D_{th}	D
Mn	495	3·08	7·34	317	1111	2·89	7·82	518
Fe	497	2·27	9·96	240	1112	2·00	11·30	317
Co	504	0·70	32·29	317	1113	0·47	47·66	518
Ni	505	2·64	8·53	320	1114	2·50	9·04	317
Cu	518	4·71	4·80	160	1121	0·51	44·58	320
Zn	504	2·60	8·69	317	1112	2·55	8·86	518
Al	515	0·95	23·79	480	1117	0·90	25·11	518
Sc	505	1·63	13·87	317	1111	1·44	15·69	480
Y	503	1·71	13·22	317	1111	1·56	14·50	317
La	500	1·93	11·71	518	1110	1·70	13·30	518

W. n. wave number cm^{-1}

metal and the type of bond for the same compounds. These values show that K is always higher for M—O IR bands than the respective K for (C—O)-M IR bands. Therefore, it can be concluded that the M—O bond is less stable than the other bonds.

A linear relationship is obtained between K(M—O) and the atomic number of the metal (Fig. 3). The rate of bond decrease increases with the atomic number. In this relation Al, Sc, Y and La lie on one line and the divalent transition metals lie on another line. This relation shows that the transition metal complexes are more sensitive to gamma radiation than the other complexes investigated. The increase of the number of outermost electrons in transition metals can initiate the formation of free radicals which follows the rupture of the investigated bond.

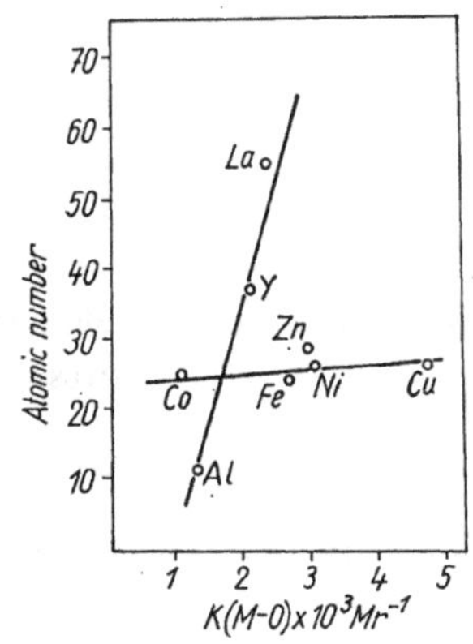

Fig. 3. Change of K(M—O) with atomic number of complexed cations

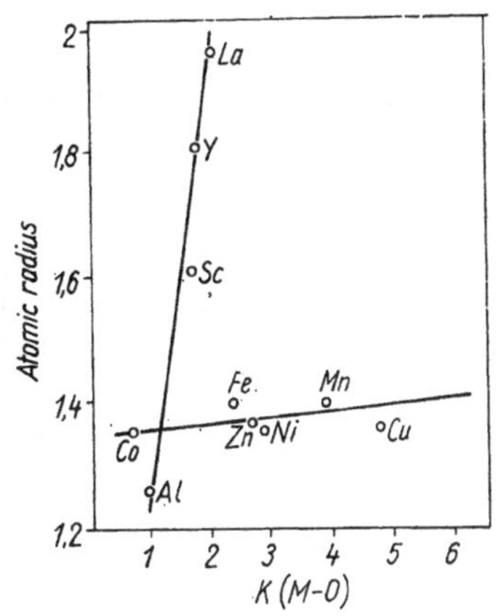

Fig. 4. Change of K(M—O) with atomic radii of complexed cations

In previous work [1, 2], it was found that K(M—O) shows a linear increase with increasing atomic radii of the complexed cation. A similar relation is realized in the present work, Fig. 4. This justifies and generalizes the mechanism mentioned before [2].

From Fig. 2 and Tab. 1 one can conclude that $Cu(8.H.Q)_2$ can be used as a dosimeter in the Mrad range because it covers a suitable dose range from 4·8—160 Mrd. It is more sensitive to gamma radiation than the other complexes investigated due to its high rate of decrease. The stability of the non-irradiated and of the irradiated solid $Cu(8.H.Q)_2$ complex is high and no changes were observed in the IR spectra when the complex was kept at 90 °C for 15 h. Further, it was found that the radiation effect is additive for this complex.

References

[1] *H. F. Aly, F. M. Abdel Kerim, A. El-Agrami, M. H. Atya,* Isotopenpraxis **13** (1977) 59
[2] *H. F. Aly, F. M. Abdel-Kerim, M. M. El-Dessoky, A. M. El-Agramy,* Radiochem. Radioanal. Letters **28** (1977) 109
[3] *R. G. Charles, H. Freiser, R. Foriedel, I. E. Hillard, H. W. Johnson,* Spec. Chim. Acta. **15** (1956) 109
[4] *M. H. Atya, Ph. D. Thesis, El-Azhar* University, 1978 and references cited therein
[5] *W. W. Werdlant,* Anal. Chim. Acta **15** (1956) 109

Tagungsberichte

Bericht über die Fachtagung „Untersuchungen mittels radioaktiver Isotope an Verbrennungsmotoren im Verkehrswesen" am 24. 10. 1978 in Potsdam

Der BV Potsdam und die BS der KDT der Zentralen Prüf- und Entwicklungsstelle des Verkehrswesens Kirchmöser hatten zur zweiten Fachtagung der Leitstelle für Isotopentechnik des Verkehrswesens nach Potsdam, Kulturhaus „Hans Marchwitza" eingeladen.

Vor 70 Teilnehmern aus dem Verkehrswesen, verschiedenen Zweigen der Industrie und von Hoch- und Fachschulen wurde in 6 Vorträgen über abgeschlossene und künftige Arbeiten berichtet, die den Einsatz radioaktiver Isotope in der Hauptsache für Verschleißuntersuchungen an Dieselmotoren zum Inhalt haben.

Der Vortrag von *Grohmann* hatte das „Ziel der radioaktiven Verschleißmessungen an Verbrennungsmotoren aus der Sicht des Betreibers" zum Inhalt. Ausgehend von den Vorteilen der Anwendung radioaktiver Isotope zur Verschleißforschung, den Möglichkeiten und Grenzen der Aktivierungsmethoden für Untersuchungen an Motoren wurden Prüfstandsversuche im Isotopenlabor und Betriebsversuche vorgestellt.

Durch die technische Diagnostik erhält die angewandte Verschleißforschung unter Anwendung radioaktiver Isotope neue Impulse. Grundlegend gilt, daß der Verschleiß nach einheitlicher Definition als ein in Ursache und Wirkung komplexer Prozeß zu betrachten ist.

Lassowski berichtete über „Radioaktive Verschleißmessungen und Kavitationsuntersuchungen an Dieselmotoren". Das Meßprinzip, Probleme der Aktivierung und des Strahlenschutzes sowie Meßergebnisse bei Variation einzelner Einflußparameter wurden vorgestellt.

Spruch legte die Versuchsmethodik und Ergebnisse bei der „Verkürzung der Einlaufzeit von Dieselmotoren durch radioaktive Verschleißmessung" dar. Am Beispiel eines Lokomotivdieselmotors wurden die Möglichkeiten zur Erarbeitung optimierter Einlaufprogramme durch Veränderung der Aufarbeitungstechnologie und der Drehzahl-Last-Programme aufgezeigt. Der Verschleißverlauf während des Einlaufes wird durch das Messen der Aktivitätsabnahme der oberflächenaktivierten Laufbuchse bestimmt.

Die optimierten Programme bewähren sich in der Praxis; verschiedene Motorentypen wurden bereits untersucht.

„Prüfstands- und Betriebsversuche zur Einsparung von Motorenölen" behandelten *Lentz* und *Lassowski*. Versuche an einem NKW-Motor auf dem Motorenprüfstand im Isotopenlabor zeigten in Abhängigkeit von der Filterkombination einen kontinuierlichen Abfall der Verschleißgeschwindigkeit, wobei die Ölverschmutzung während des Dauerlaufes über 2000 Stunden ständig unter dem vorgeschriebenen Grenzwert blieb.

Praxisversuche bestätigten diese extremen Ölwechselfristen nicht. Unter Verzicht auf Prüfaufwand wird auf feste Ölwechselfristen orientiert. Über weitere Möglichkeiten der Öleinsparung wurde berichtet.

Über die „Bestimmung maximaler Oberflächentemperaturen mittels Radiokrypton" referierten *Hammitzsch* und *Winczciers* (VEB WTZ Automobilbau Karl-Marx-Stadt). Der Kryptongehalt in der Bauteiloberfläche ist temperaturabhängig und ermöglicht die Bestimmung der maximalen Oberflächentemperatur. Die Meßmethode ist außerhalb des Isotopenlabores anwendbar.

Es wurden die Grenzen des Verfahrens und die Genauigkeiten angeführt; an Hand einiger ausgewählter Beispiele wurde die Nutzung des Verfahrens aufgezeigt.

In dem Vortrag von *Mundt* „Einsatz der Röntgenfluoreszenzanalyse zur Verschleißproduktanalyse" wurden Analysenergebnisse vorgestellt, die bei Untersuchungen an Motoren gewonnen wurden. Die Röntgenfluoreszenzanalyse ist geeignet, Verschleißelemente im Motorenöl von Dieselmotoren nachzuweisen. Die Analyse umfaßt die Elemente Ca, Ba, Mn, Fe, Ni, Cu, Zn und Pb. Die Ölproben werden dazu verascht, geglüht, tablettiert und vollautomatisch analysiert. Die Auswertung der Röntgenspektren erfolgt durch EDV. Die Gehalte verschiedener Elemente hinsichtlich ihrer Aussagefähigkeit wurden diskutiert.

Eingegangen am 20. 12. 1978

H.-D. Grohmann

Buchbesprechungen

Radioaktivität. Teil I, Grundlagen

W. Stolz. BSB B. G. Teubner Verlagsgesellschaft, Leipzig 1976 (Mathemat.-Naturwiss. Bibliothek, Bd. 61) 163 S., 55 Abb.; karton. M 18,–

Die ständig steigende Zahl von Anwendern radioaktiver Isotope in allen Bereichen der Technik, Naturwissenschaft und Medizin hat die Nachfrage nach einem leicht verständlich geschriebenen, kurz gefaßten, aber informativem Lehrbuch der angewandten Radioaktivität anwachsen lassen. Diese Lücke auf dem Büchermarkt wurde durch das in der Reihe Mathematisch-Naturwissenschaftliche Bibliothek erschienene Bändchen geschlossen.

Nach einer kurzen geschichtlichen Einführung werden in einem kurzen Kapitel Aufbau und Eigenschaften von Atomkernen behandelt. Ausführlich werden im umfangreichsten Kapitel radioaktive Kernumwandlungen und ihre Gesetzmäßigkeiten beschrieben. Dabei wird auch auf moderne Erkenntnisse, wie spontane Kernspaltung aus formisomeren Zuständen und spontane Nukleonenemission eingegangen. In einem kurzen Kapitel werden natürliche radioaktive Kerne vorgestellt. Wegen ihrer großen Bedeutung bei der Produktion radioaktiver Nuklide sind in einem weiteren Kapitel Kernreaktionen ausführlicher dargestellt. Der eigentlichen Herstellung künstlicher radioaktiver Nuklide und neuer Elemente ist ein eigenes Kapitel gewidmet. Dabei werden auch die für den Anwender interessanten Generatorsysteme behandelt. Im letzten Kapitel werden Arten und Konstruktion geschlossener Strahlungsquellen für Alpha-, Beta-, Gamma- und Bremsstrahlung sowie Neutronenquellen vorgestellt. Ergänzt wird das Bändchen durch einen kurzen Tabellenanhang, ein Verzeichnis weiterführender Literatur, ein Namen- und Sachverzeichnis.

Das von einem erfahrenen Hochschullehrer anschaulich geschriebene Buch kann einem weiten Leserkreis, der an Fragen der angewandten Radioaktivität und ihren physikalischen Grundlagen interessiert ist, aber auch Pädagogen empfohlen werden. Es ist für die Ausbildung gut geeignet, zumal die SI-Einheiten konsequent angewendet werden und erfreulich wenig Druckfehler zu finden sind.

E. Herrmann

Nukleare Analysenverfahren. Entwicklung neuer Methoden – Dresden vom 12.–16. Mai 1975

Hrsg.: T. Braun, E. Bujdosó, Budapest: Akadémiai Kiadó, 1976. 269 S., 63 Abb., 44 Tab., 357 Lit.; geb. Ft. 150.–

Dieser Band enthält als Nachdruck des Journal of Radioanalytical Chemistry 27 Vorträge der Tagung Nukleare Analysenverfahren. Aus dem breiten Feld der Nuklearen Analysenverfahren werden neue methodische Entwicklungen auf drei Gebieten vorgestellt: 1. Analyse auf der Grundlage von Kernreaktionen, Kernstreuung und Fluoreszenz, 2. Radiochemische Trenn- und Analysenverfahren und 3. Aktivierungsanalyse und Aktivitätsmessung. Die im ersten Abschnitt beschriebenen Verfahren sind besonders zur Bestimmung der geometrischen Verteilung von Nebenkomponenten und Verunreinigungen in Werkstoffen, einschließlich einer halbquantitativen Bestimmung geeignet. Die im zweiten Abschnitt ausführlich behandelten substöchiometrischen Bestimmungsmethoden sollten wegen ihrer einfachen Durchführbarkeit und hohen Selektivität mehr als bisher Einzug in die allgemeine Laboratoriumspraxis finden. Im dritten Abschnitt finden wir neue Bestrahlungs- und Meßmethoden, die entwickelt wurden, um die Genauigkeit und Empfindlichkeit der Aktivierungsanalyse weiter zu verbessern. Die in den einzelnen Abschnitten beschriebenen Methoden werden zur Analyse von Werkstoffen, geologischen und biologischen Materialien eingesetzt, wie die beschriebenen Beispiele auch zeigen.

Es ist das Verdienst der Herausgeber, auf diese Weise den Inhalt Radioanalytischer Veranstaltungen einem breiten Interessentenkreis zugänglich zu machen.

Es soll nicht unerwähnt bleiben, daß die Beiträge mit stärkerem Anwendungscharakter in verschiedenen Heften der Isotopenpraxis der Jahrgänge 11 bis 13 veröffentlicht worden sind.

S. Niese

Proceedings of the 1976 International Conference on Modern Trends in Activation Analysis. Vol. I und Vol. II

Hrsg.-Kollektiv. Budapest: Akadémiai Kiadó 1977. Nachdruck des Journal of Radioanalytical Chemistry, 1963 S., 646 Abb. 554 Tab., 2235 Lit.; Leinen Ft. 1250.–

Die beiden Bände enthalten die Vorträge, die auf der 5. internationalen Konferenz über moderne Entwicklungen in der Aktivierungsanalyse vom 13. bis 17. September 1976 in München (BRD) gehalten wurden. Plenarvorträge behandelten Aktivierungsanalyse und Radiochemie (*H. J. Born*), Medizinische Bedeutung essentieller Elemente (*I. J. T. Davies*), Entdeckung und Studium des Naturreaktors Oklo (*E. Roth*), Chemische Fraktionierung im Sonnensystem (*J. W. Morgan*) und Analytische Methoden zur Untersuchung der Wasserverschmutzung. 167 Originalbeiträge werden in folgenden Abschnitten zusammengefaßt: (Anzahl der Beiträge in Klammern):

- Grundlegende Beiträge und technische Entwicklungen (18)
- Anwendungen in Biologie und Medizin (32)
- Umweltschutz und Ökologie (39)
- Anwendungen in der Materialforschung und Industrie (29)
- Geo- und Kosmoschemie (19)
- Archäologie, Kunstgeschichte und Kriminalistik (13)
- Genauigkeit und Richtigkeit (11)
- Probennahme und -homogenisierung (6)
- Standardmaterialien (4)
- Vergleich mit anderen analytischen Methoden (6).

Den Abschluß bildet die Wiedergabe einer Panel Diskussion zu Fragen der Probennahme und der Anwendung von Referenzmaterialien.

Neue methodische Entwicklungen kommen besonders in der Anwendung extrem kurzlebiger Nuklide, der Röntgenstrahlungsspektroskopie, von Zyklotronneutronen, Schwerionenreaktionen und in-vivo-Aktivierungsanalyse zum Ausdruck. Medizin, Biologie und Umweltschutz zeigen die breiteste Anwendung, der Einsatz in der Geochemie erscheint am fundiertesten.

Da mit der Schwerionenbeschleunigung nun auch Wasserstoff und sogar Helium aktivierungsanalytisch mit hoher Empfindlichkeit bestimmt werden können, sind jetzt alle Elemente des Periodischen Systems der Elemente der aktivierungsanalytischen Spurenbestimmung zugänglich. In den Beiträgen wird deutlich, daß sich die Aktivierungsanalytiker in allen Institutionen auch höhere Ziele in bezug auf Genauigkeit stellen.

Die beiden Bände sollten in keinem aktivierungsanalytischen Laboratorium fehlen, sie sind aber auch jedem Wissenschaftler zu empfehlen, der sich mit Spurenelementen und Verunreinigungen in natürlichen und technischen Materialien beschäftigt.

S. Niese

Proceedings of the Fifth International Conference on Luminescence Dosimetry. 14.–17. Februar 1977 in Sao Paulo

Hrsg. von A. Scharmann, I. Physikalisches Institut der Justus-Liebig-Universität Gießen, Juli 1977. 497 S. (in Englisch)

Vom 14. bis 17. Februar 1977 fand in Sao Paulo, Brasilien, die 5. Internationale Konferenz über Lumineszenzdosimetrie statt. Die im Abstand von drei Jahren durchgeführten Konferenzen sind bereits zu einer regelmäßigen Einrichtung geworden. Sie dienen der raschen Verbreitung neuer Kenntnisse und Erfahrungen auf dem Gebiet der Festkörperdosimetrie ionisierender Strahlung. Der von Prof. Dr. *A. Scharmann* herausgegebene Tagungsband enthält die 58 Beiträge, die während des Symposiums vorgetragen wurden. Die Thematik der gebotenen Vorträge zeigt eindrucksvoll, daß auf festkörperdosimetrischem Gebiet nach wie vor der Thermolumineszenzdosimetrie mit Speicherphosphoren die größte Bedeutung zukommt. Mehr als 75% der Beiträge sind den neuesten Erkenntnissen über die Eigenschaften und Anwendungsmöglichkeiten von Thermolumineszenzdosimetern gewidmet. Insbesondere werden folgende Problemkreise behandelt: Lumineszenzmechanismus verschiedener TL-Leuchtstoffe, Entwicklung neuer Auswertegeräte für Speicherphosphore, Einsatz von TL-Dosimetern zur Dosimetrie schneller, intermediärer und langsamer Neutronen, Anwendung von Thermolumineszenzdetektoren in der Medizin, im Strahlenschutz, zur Umgebungsüberwachung und zur Altersbestimmung.

Fragen der Exoelektronendosimetrie (TSEE) werden in einem einzigen Vortrag behandelt. Auch die RPL-Dosimetrie mit Phosphatgläsern kommt nur in drei Beiträgen zur Sprache. Den verhältnismäßig jungen Gebieten der Lyolumineszenzdosimetrie und der TSC-Dosimetrie sind insgesamt 5 Arbeiten gewidmet.

Die Materialien dieser Konferenz vermitteln einen wertvollen Überblick über die jüngsten festkörperdosimetrischen Entwicklungen. Jedem, der sich mit Fragen des Einsatzes von Festkörperdosimetern auf den Gebieten der klinischen Dosimetrie und des Strahlenschutzes befaßt, ist das Studium der mitgeteilten Ergebnisse sehr zu empfehlen.

W. Stolz

Medical Radionuclide Imaging. Proceedings of a Symposion, Los Angeles, 25.–29. October 1976

International Atomic Energy Agency, Vienna 1977. Vol. I: 617 S., div. Abb. und Tab.; US $ 43.00. Vol. II: 480 S., div. Abb. und Tab.; US $ 33.00

Es war das 5. von der IAEA organisierte Symposium dieser Thematik, erstmals unter einer neuen Überschrift (bisher „Medical Radiosiotope Scintigraphy"), die nicht nur eine korrektere Bezeichnung (Radionuclide), sondern sicher auch eine inhaltliche Wandlung (Imaging) ausdrücken soll. Diese Tagungen haben insofern überragende Bedeutung, als sie nunmehr alle vier Jahre die neuesten Erkenntnisse der Bildgewinnung und -verarbeitung in der Nuklearmedizin darlegen. Das Symposion wurde von 276 Teilnehmern und 80 Beobachtern aus 27 Ländern besucht. In 11 Sitzungen wurden insgesamt 74 Vorträge gehalten, von denen 14 Übersichtsreferate auf Einladung zu den verschiedenen Themenkomplexen waren. Alle Vorträge und Diskussionen (ausschließlich in englischer Sprache) wurden in den vorliegenden zwei Bänden publiziert.

Band I:

Qualitätskontrolle: Der Messung und laufenden Kontrolle der Kameradaten (geometrische, energetische und zeitliche Auflösung, Homogenität) und den verschiedenen Möglichkeiten ihrer Korrektur wurde eine besondere Sitzung eingeräumt. *Todd-Prokopek* wies nach, daß die am häufigsten angewandte Methode der Inhomogenitätskorrektur mit Hilfe einer Faktorenmatrix, die sich aus der Aufnahme eines Homogenphantoms bestimmen läßt, recht unbefriedigend ist. *Detektoren*: Über größere Fortschritte der Halbleiterdetektorentwicklung, vor allem der Halbleiterkamera, konnte nicht berichtet werden. *Drukier* zeigte Möglichkeiten zum Bau einer neuen, dreidimensionalen Kamera mit SSC-Detektor (superheated superconducting colloid), wobei eine geometrische Auflösung von besser als 1 mm und eine Nachweiswahrscheinlichkeit von mehr als 90% möglich sein sollen. *Tomographie*: Die Eigenschaften mehrerer Methoden und Systeme zur transversalen Tomographie wurden diskutiert. Zur Zeit gibt es keine eindeutig überlegene Methode. *Geräteentwicklung und Datenverarbeitung*: Neben einem Refereat über medizinische Zyklotrone für die Isotopenproduktion findet man in diesem Abschnitt u. a. Möglichkeiten der Bildverbesserung (Streustrahlenkorrektur) und Datenaufbereitung (Herzbewegung, Faktoranalyse). *Ergänzende Methoden*: Die Vorträge dieses Abschnittes beschäftigen sich mit dem klinischen Vergleich von Szintigraphie, Computer-Tomographie und Ultraschall. Sie hätten besser in den 2. Band gehört. *Bildauswertung*: Während sich das Übersichtsreferat mit der Theorie der ROC-Analyse selbst befaßt, wird dieses Konzept von anderen Autoren für den Vergleich verschiedener Bildauswerteverfahren oder den Nachweis von Aktivitätsinhomogenitäten durch Kamera und Scanner herangezogen. — Zum Abschluß des ersten Bandes werden die Ergebnisse der 2. und 3. Stufe des von der IAEA koordinierten Forschungsprogrammes zur Computerszintigraphie mitgeteilt.

Band II:

Radiophamarkologie: Der Abschnitt behandelt moderne Radionuklide und Generatorsysteme, insbesondere Zyklotronprodukte, sowie bifunktionelle Chelate. Als neues Radiopharmakon für die Radionuklidangiographie werden magnetische Carbonyleisensuspensionen vorgestellt, die mit ^{99m}Tc markierbar sind und potentiell für die Radionuklidangiographie geeignet sind. *Knochen- und Knochenmarkszintigraphie*: Disphosphonate sind die Radiopharmaka der Wahl für die Skelettszintigraphie, bevorzugt wird MDP verwendet. Mit der klinischen Anwendung bei der Diagnostik der Skelettmetastasierung und metabolischer Knochenstoffwechselstörungen beschäftigten sich mehrere Beiträge. Der Abschnitt enthält auch die Ergebnisse von Untersuchungen mit ^{99m}Tc-Pyridoxilenglutamat bei Erkrankungen der Leber und des Gallensystems und Kontrolle von Patienten mit Hepatomen und „Lymphomen" mittels Szintigraphie mit ^{67}Ga-Zitrat. *Soziale Stellung der Nuklearmedizin*: In 3 Vorträgen wird eine Analyse der ärztlichen Entscheidungsfindung, der Kosten-Nutzen-Relation der Nuklearmedizin und der Computeranwendung in der nuklearmedizinischen Diagnostik vorgenommen. *Herzuntersuchungen*: Untersuchungen des Myokards mit ^{201}Tl stehen in diesem Kapitel im Vordergrund. Daneben wird auch über Infarktdiagnostik mit ^{99m}Tc-Pyrophosphat und Fortschritte in der Computeranwendung bei der nuklearmedizinischen Herz-Kreislauf-Diagnostik berichtet. *Untersuchungen verschiedener Organe*: Dem gegenwärtigen Stand der Lungenuntersuchungen und die Anwendung des ^{81m}Krypton in der Lungenfunktionsdiagnostik sind drei Vorträge gewidmet. Ein Referat über Isotopenuntersuchungen der Nieren gibt einen guten Überblick zu Stellenwert und Indikationen. Die Speicheldrüsendiagnostik mit ^{99m}Tc und die Kinetik des Liquors werden am Rande behandelt.

Von besonderem Wert ist ein Anhang über Dosimetrie, der einen Überblick über die Strahlenbelastung der meisten heute gebräuchlichen Radiopharmaka gibt.

Das vorliegende Material gewinnt einen besonderen Wert durch die Kombination von Übersichtsreferaten und Beiträgen mit neuen Ergebnissen. Es ist allen in der Nuklearmedizin tätigen Medizinern und Naturwissenschaftlern sehr zu empfehlen.

Potschwadek/Kröger

ride, water and carbon dioxide. Together with the gamma dose and the loading height texture and surface cemistry of the activated charcoal influence the decomposition rates.

двуокись углерода. Помимо дозы гамма-излучения и высоты загрузки р-хлорфенола, текстура и химия поверхности воздействуют на скорость разложения. используемого активного угля

S. Musić, J. Šipalo-Žuljević, R. H. H. Wolf

Radiochemical Study of the Sorption of Iodide and Iodate on Aluminium(III) Hydroxide Precipitate (*in Englisch*)

Isotopenpraxis 15 (1979) No. 4, p. 93 to 96
7 Fig., – Tab., 15 Ref.

The radioactive indicator method has been applied to the investigation of the sorption of iodide and iodate on Al(III)-hydroxide precipitate. $Na^{131}I$ and $Na^{131}IO_3$ were used as radioactive indicators. The sorption/desorption equilibria at the $Al(OH)_3$-electrolyte solution interface was studied as a function of pH, concentration of sorbate, ionic strength, time of ageing of sorbent and time of sorption. The results are discussed with regard to the surface properties of Al(III)-hydroxide precipitate and mechanisms of sorption.

С. Мусич, И. Шипало-Зулевич, Р. Х. Х. Вольф

Радиохимическое исследование сорбции йодида и йодата осадком гидроокиси алюминия(III). (*на англ. языке*)

Isotopenpraxis 15 (1979) вып. 4, стр. 93 до 96
7 рис., – табл., 15 лит.

Метод радиоактивных индикаторов применялся для исследования сорбции йодида и йодата осадком гидроокиси алюминия(III). Для этого использовались радиоактивные индикаторы $Na^{131}I$ и $Na^{131}IO_3$. Исследовалось равновесие сорбции с десорбцией на поверхности раздела $Al(OH)_3$ с электролитическим раствором как функция pH, концентрации адсорбата, ионной силы, времени старения сорбента и времени сорбции. Обсуждаются результаты с учетом свойств поверхности осадка гидроокиси алюминия (III) а также механизмов сорбции.

M. Knothe

Investigation of the Behaviour of Saccharin as a Sulphur Carrier in Producing Sulphur-Depolarized Nickel

Isotopenpraxis 15 (1979) No. 4, p. 98 to 99
2 Fig., 2 Tab., 11 Ref.

For the production of nickel containing minimum quantities of sulphur, nickel has been deposited by electrolysis in the presence of saccharin as a sulphur carrier. The behaviour of this substance in electrolysis has been investigated with the aid of labelled saccharin. The decomposition products were separated and identified by means of extraction and paper chromatography, and determined by activity measurements. The results give information on the decomposition of saccharin in electrolysis, and on the reasons of low transition of sulphur from saccharin to the deposited nickel layer.

М. Кноте

Исследование поведения сахарина в качестве носителя серы в производстве деполяризованного по сере никеля

Isotopenpraxis 15 (1979) вып. 4, стр. 96 до 98
2 рис., 2 табл., 11 лит.

Для изготовления имеющих минимальное содержание серы видов никеля, последний электролитическим способом в присутствии сахарина в качестве носителя серы отделяется. Рассматривается поведение данной присадки во время электролиза с помощью меченого сахарина. Возникающие продукты разложения отделялись путем экстракции и бумажной хроматографии, идентифицировались и количественно определились радиометрическим методом. Результаты дают информации о разложении сахарина во время электролиза, а также о причинах небольшого перехода серы от сахарина в осаждаемый слой никеля.

A. Selecki, G. Chmielewski

The Influence of Addition of Inorganic Carbonates on the Relative Volatility Factor of Light and Heavy Water at Temperatures Close to the Isotope Effect Inversion Temperature (*in English*)

Isotopenpraxis 15 (1979) No. 4, p. 99 to 103
5 Fig., 4 Tab., 13 Ref.

The influence of Na_2CO_3, K_2CO_3, and Li_2CO_3 addition on the relative volatility factor α of light and heavy water at temperatures close to the isotope effect inversion temperature has been investigated. The measurements for Na_2CO_3 and K_2CO_3 solutions have been made in the temperature range 100 – 330 °C at various salt concentrations. In the case of Li_2CO_3 temperature range and concentration were limited by the solubility of this salt. The factor α was determined by analysis of gas and liquid phases at equilibrium. Data on pure waters obtained by other investigators are listed for comparison. The temperature dependence of factor α for salt solutions and pure waters is presented in the form of equations derived from experimental data.

А. Селецкий, А. Г. Химелевский

Влияние присадки неорганических карбонатов на относительном коэффициенте летучести легкой и тяжелой воды при температурах, близких значению инверсии изотопического эффекта (*на англ. языке*)

Isotopenpraxis 15 (1979) вып. 4, стр. 99 до 103
5 рис., 4 табл., 13 лит.

Рассматривалось влияние присадки Na_2CO_3, K_2CO_3 и Li_2CO_3 на относительном коэффициенте летучести α легкой и тяжелой воды при температурах, близких значению инверсии изотопического эффекта. По растворам Na_2CO_3 и K_2CO_3 измерения осуществились при температурах от 100 до 330 °C с разными концентрациями солей. По Li_2CO_3 пределы температуры и концентрации были ограничены растворимостью данной соли. Коэффициент α определился анализом газовой и жидкой фаз в состоянии равновесия. Полученные другими данные по чистой воде приведены для сравнения. Зависимость от температуры коэффициента α по отношению к соляным растворам и чистой воде представлена в виде уравнений, выведенных из экспериментальных данных.

L. Gladyszewski, A. Nagnajewicz

Fractionation Effect in Thermionic Emission of Lithium Isotopes (*in English*)

Isotopenpraxis 15 (1979) No. 4, p. 104 to 105
2 Fig., 1 Tab., 8 Ref.

The isotopic effect ocurring during evaporation of microgram samples of lithium chlorides has been studied. The isotopic ratios $^7Li/^6Li$ show a time dependence variation corresponding to the *Rayleigh* distillation formula, but the fractionation factor observed is smaller than the one applied so far. Using an original method, the new value of this factor was found.

Л. Гладышевский, А. Нагнаевич

Эффект фракционирования в связи с электронной эмиссией изотопов лития (*на англ. языке*)

Isotopenpraxis 15 (1979) вып. 4, стр. 104 до 105
2 рис., 1 табл., 8 лит.

Рассматривается изотопический эффект, возникающий в связи с испарением миллиграммовых количеств хлоридов лития. Изотопный состав $^7Li/^6Li$ меняется во времени соответственно формуле Релеевской дистилляции, однако наблюдаемый коэффициент фракционирования ниже применяемого до сих пор. С помощью оригинального метода определилось новое значение данного коэффициента.

D. S. Todorovsky, K. N. Kostadinov, Yu. N. Efremova

On the Radiochemical Purity of Elementary ^{35}S with high specific Activity (*in English*)

Isotopenpraxis 15 (1979) No. 4, p. 106 to 107
3 Fig., 1 Tab., 4 Ref.

Д. С. Тодоровский, К. Н. Костадинов, Ю. Н. Ефремова

О радиохимической чистоте элементарной ^{35}S при высокой удельной активности (*на англ. языке*)

Isotopenpraxis 15 (1979) вып. 4, стр. 106 до 107
3 рис., 1 табл., 4 лит.

Radiochemical composition and chemical changes with increasing storage time of benzene solutions and of solid species of elementary ^{35}S with high specific activity are studied. The dependence of the stability on the specific activity and the radioactive concentration is shown and some tentative limits are given for permissible storage periods.

A. M. El-Agramy, F. M. Abdel Kerim, H. A. Ali, M. H. Atya

Effect of Gamma Radiation on the IR Spectra of Some Divalent and Trivalent 8-Hydroxy-quinoline complexes (*in English*)

Isotopenpraxis 15 (1979) No. 4, p. 108 to 109
4 Fig., 1 Tab., 5 Lit.

The IR spectra of 10 elements chelated with 8-hydroxy-quinoline were measure before and after gamma irradiation with different doses (7 – 518 Mrd) and discussed. It was found that the rate of decrease, *K*, of the absorbancy of M – O and (C – O)-M stretching vibration bands depends on the chelated cation. Moreover, the Cu 8-hydroxy-quinoline complex is suggested as gamma dosimeter for doses ranging from 4·8 to 160 Mrd.

Meetings

Isotopenpraxis 15 (1979) No. 4, p. 110

New Books

Isotopenpraxis 15 (1979) No. 4, p. 111 to 112

Рассматриваются радиохимический состав бензольных растворов и твердых видов элементарной ^{35}S при высокой удельной активности, а также химические изменения, происходящие в зависимости от времени хранения. Показывается зависимость устойчивости от удельной активности и от концентраций радиоактивности; приводятся некоторые возможные предельные значения допустимого времени хранения.

А. М. Эл-Аграми, Ф. М. Абдель-Керим, Х. А. Али, М. Х. Атиа

Воздействие гамма-излучения на инфракрасные спектры некоторых двухвалентных и трехвалентных комплексов 8-гидроксиквинолина (*на англ. языке*)

Isotopenpraxis 15 (1979) вып. 4, стр. 108 до 109
4 рис., 1 табл., 5 лит.

Инфракрасные спектры десяти хелированных 8-гидроксиквинолином элементов были измерены и обсуждены до и после облучения гамма-излучением различных доз (7-518 мр). Было установлено, что скорость *К* уменьшения абсорбционной способности областей валентных колебаний М – О и (С – О)-М зависит от хелированных катионов. Кроме того, 8-гидроксиквинолин рекомендуется в качестве дозиметра для гамма-излучения с дозами от 4,8 до 160 Мрад.

Совещания

Isotopenpraxis 15 (1979) вып. 4, стр. 110

Новая литература

Isotopenpraxis 15 (1979) вып. 4, стр. 111 до 112

(Fortsetzung des Inhaltsverzeichnisses)

L. Gladyszewski, A. Nagnajewicz

Der Fraktionierungseffekt bei der thermoionischen Emission von Lithiumisotopen (*in Englisch*)

Isotopenpraxis 15 (1979) H. 4, S. 104 bis 105
2 Abb., 1 Tab., 8 Lit.

Der Isotopieeffekt, der bei der Verdampfung von mg-Mengen von Lithiumchloriden auftritt, wurde untersucht.
Die Isotopenverhältnisse $^7Li/^6Li$ verändern sich in Abhängigkeit von der Zeit entsprechend der *Rayleigh*-Destillationsformel, jedoch ist der beobachtete Fraktionierungsfaktor kleiner als der bisher angewandte. Es wurde ein neuer Wert für diesen Faktor ermittelt.

D. S. Todorowski, K. N. Kostadinow, Yu. N. Jefremowa

Über die radiochemische Reinheit von elementarem ^{35}S bei hoher spezifischer Aktivität (*in Englisch*)

Isotopenpraxis 15 (1979) H. 4, S. 106 bis 107
3 Abb., 1 Tab., 4 Lit.

Radiochemische Zusammensetzung und chemische Veränderungen in festem und in Benzol gelöstem elementarem ^{35}S wurden in Abhängigkeit von der Aufbewahrungsdauer untersucht. Es werden die Abhängigkeit der Stabilität von der spezifischen Aktivität und der Aktivitätskonzentration gezeigt und Näherungswerte für die zulässige Aufbewahrungszeit angegeben.

A. M. El-Agrami, F. M. Abdel Kerim, H. A. Ali, M. H. Atya

Die Auswirkungen von Gammastrahlung auf die IR-Spektren einiger zweiwertiger und dreiwertiger 8-Hydroxy-chinolin-Komplexe (*in Englisch*)

Isotopenpraxis 15 (1979) H. 4, S. 108 bis 109
4 Abb., 1 Tab., 5 Lit.

Die IR-Spektren von 8-Hydroxyquinolinkomplexen mit 10 verschiedenen Elementen wurden vor und nach der Einwirkung von Gammastrahlung verschiedener Dosen (7 – 518 Mrd) gemessen und diskutiert. Es wurde festgestellt, daß die Geschwindigkeit *K* der Abnahme des Absorptionsvermögens von M – O- und (C – O)-M-Valenzschwingungsbändern vom komplexbildenden Kation abhängt. Darüberhinaus wird der Cu-Komplex als Gammastrahlungs-Dosimeter für Dosen zwischen 4,8 und 160 Mrd empfohlen.

Tagungsberichte

Isotopenpraxis 15 (1979) H. 4, S. 110

Buchbesprechungen

Isotopenpraxis 15 (1979) H. 4, S. 111 bis 112

Einstein
Leben - Tod - Unsterblichkeit

Von B. G. Kuznecov

(Übersetzung aus dem Russischen)

Mit einem Geleitwort von Hans-Jürgen Treder

In deutscher Sprache herausgegeben von Helmut Fuchs

2., berichtigte Auflage

1979. 484 Seiten — 28 Abbildungen — gr. 8° — Leinen 30,— M

Bestell-Nr. 7615029 (5889)

Kein anderer Physiker hat das wissenschaftliche Denken in unserem Jahrhundert so stark beeinflußt wie Albert Einstein, kein anderer wurde so verehrt und so verfemt wie er.
Diese Biographie gibt nicht nur eine ausführliche Lebensbeschreibung des großen Wissenschaftlers. Der Autor versucht, Einsteins Ideen ohne Benutzung mathematischer Formeln verständlich zu machen. Er zeigt den großen Einfluß dieser Ideen auf die Entwicklung der Wissenschaft; er sucht ihre historischen Quellen und zieht Parallelen zu anderen großen Denkern.
Das Buch bringt dem Leser nicht nur die physikalischen und philosophischen Ideen Einsteins nahe, sondern auch den Menschen Albert Einstein in seiner Liebenswürdigkeit und Größe.

Bestellungen durch eine Buchhandlung erbeten

THEORIA CUM PRAXI

AKADEMIE-VERLAG · DDR-108 Berlin, Leipziger Str. 3—4

Bei Fragen zur Produktsicherheit wenden Sie sich bitte an:
If you have any questions regarding product safety,
please contact:

Walter de Gruyter GmbH
Genthiner Straße 13
10785 Berlin
productsafety@degruyterbrill.com